U0520703

做人有格局，
做事顾大局

王海山 ◎ 著

SITUATION

江苏凤凰文艺出版社
JIANGSU PHOENIX LITERATURE AND
ART PUBLISHING, LTD

图书在版编目（CIP）数据

做人有格局，做事顾大局 / 王海山著. -- 南京：江苏凤凰文艺出版社，2019.2
ISBN 978-7-5594-3315-2

Ⅰ.①做… Ⅱ.①王… Ⅲ.①成功心理—通俗读物 Ⅳ.①B848.4-49

中国版本图书馆CIP数据核字（2019）第024232号

书　　　名	做人有格局，做事顾大局
作　　　者	王海山
责 任 编 辑	丁小卉
出 版 发 行	江苏凤凰文艺出版社
集 团 地 址	南京市湖南路1号A楼，邮编：210009
集 团 网 址	http://www.ppm.cn
出版社地址	南京市中央路165号，邮编：210009
出版社网址	http://www.jswenyi.com
印　　　刷	香河利华文化发展有限公司
开　　　本	700×980 毫米 1/16
字　　　数	188 千字
印　　　张	17.25
版　　　次	2019年4月第1版，2020年2月第2次印刷
标 准 书 号	ISBN 978-7-5594-3315-2
定　　　价	45.00 元

（江苏凤凰文艺版图书凡印刷、装订错误可随时向承印厂调换）

前　　言

做人应当有格局，有格局的人做事儿才能顾大局。因为能够顾大局，所以才能做大事。曾国藩所说的"谋大事者首重格局"，道理也就在此。在这个大众创业、万众创新的大好时代，越来越多的人心怀着做大事的梦想和豪情，但事实证明，光有这些还不足以让我们梦想成真。比起做事的激情和能力，格局对于我们的影响显然要更大一些。国学大师钱穆曾经游览一座古刹，看到一个小沙弥在一棵历经五百年的古松旁种夹竹桃，他感慨地说："以前，僧人种松树时，已经想到寺院百年以后的发展了；今天，小沙弥在这里种花，他的眼光仅仅是想到明年啊！"钱穆这番感慨道出了一个道理：大事难成，是因为心中的格局太小。

心中的格局，是指一个人的眼光、胸襟、胆识、智慧等心理要素的内在布局。

格局是一种眼光，有格局的人看得要比常人远得多。在时代的巨变面前，他们拥有站在未来看现在的远见，所以他们能够抢在变化之前做出应变，把稍纵即逝的机会掌握在手中。

格局是胆识和魄力，有格局的人总是比别人多一份担当。当机会化装成责任来到我们面前的时候，被吓跑的一定不是一个有格局的人。担当的责任多了，舞台自然也就大了。

格局是一种胸襟，有格局的人总是表现得很宽容。宽容的人既可以跟不同性格的人相处得很融洽，也可以把秉性各异的人才聚拢在自己的周围。聚拢的人才越多，他能做的事就越大。

格局更是一种智慧，能够让人有效掌控自己的情绪和欲望，懂得如何以退为进，以不争的姿态消灭对手，以利他之心收获人脉。这种智慧能告诉我们如何才能高效地利用时间和精力，把时间和精力都留给最重要的事情，然后取得最大的成功。拥有这种大智慧的人，自然就不会因猝不及防而进退失据，不会因情绪失控而自毁前程，不会因不懂取舍而让自己的努力毫无章法。

这就是只有有格局的人做事才能顾全大局的原因所在，同时也是这本书的重点所在。

格局并不是与生俱来的，它更倚重的是我们后天的努力，所以格局的修炼还得由我们自己来完成。在本书中我们还分享了格局修炼的法则：目标要大；思维要新；保持开放；建立联结；投资大脑；掌控自我。

如此，我们就可以慢慢养大自己的格局，然后成就大事。

目录

第一章 | 做人有格局，做事顾大局

- 002　做人有格局，做事顾大局
- 006　将才和帅才之间到底差一些什么
- 011　心中有大局，才能高效统筹
- 015　没有好心办坏事，只有格局不够大
- 020　不顾大局终将被大局抛弃
- 025　大格局，要能预见未来
- 031　能看到什么取决于你想看到什么

第二章 | 做大事者当有全局思维

- 038　器量够大，格局才够大
- 042　如果不是格局太小，绝对没人能够阻止你成功
- 047　眼里不揉沙，因为格局不够大
- 052　有格局的竞争不是你死我活
- 058　有格局的人生没有猜忌
- 061　主观偏见，因为格局里只容得下自己

第三章 纠结小处，怎能做成大事？

068 成大事者，不在小处纠结
073 吃得起亏，才能容得下人
077 不过度纠结过失，为做大事准备
082 先付出再索取，还是先得到再付出
087 低薪的"总助"和高薪职员，怎么选？
092 怕丢脸？还是因为没格局
097 患得患失不如果断出击
101 格局太小才会跟"不公平"赌气

第四章 做事先做人，情绪靠边站

106 懂得控制情绪的人都是高手
111 有格局靠理性，没格局靠好恶
117 因格局而心静，不浮躁
122 娇气和任性是一根藤上的两个瓜
128 气定神闲才能不入对手的"局"
133 静气当先，力挽狂澜
138 跟着大格局，永远不迷茫

第五章 高调做事低调做人，有舍才有得

144 格局让你看见"舍"的价值所在
149 舍弃眼前，你会得到未来
154 不懂得舍弃繁杂，生活就会舍弃你
161 在大格局下重新认识薪水之外的得与失
166 格局大的人懂得舍"大"取"小"
171 心中有大局，紧抓取舍精髓

第六章 勇担责任万事方成

178 有多大担当，就有多大舞台
182 敢于担当，不为自己找借口
187 大局面前不做一个责任的旁观者
192 扔掉"被害者"心态，担当是一种魄力
196 主动担当远比被动接受好很多
201 欲先谋其位，必先担其责

第七章 做事能屈能伸，进退游刃有余

208 当进则进，天予不取，必受其咎
214 当退则退，极盛时常怀退让之心
218 当不了主角时就让配角出彩
222 适当弯一下腰才不会倒
228 分寸感，少一点、过一点都不行
234 知进退，看破不能点破，更不能越权

第八章 做人做事终极修炼六大法则

240 你与成功者之间只差一个坚定的目标
245 拆掉思维里的墙，思维不受限才能突破局限
250 保持开放，互通有无
255 学会跟更大的局建立联结
260 脖子以上才是最值得投资的地方
264 自控力，学会控制自己进而掌控全局

第 一 章
做人有格局,做事顾大局

———

做人当有格局,有格局才能顾全大局。能否顾全大局,不管是对个人还是其他人的利益而言,都能起到决定性的作用。

做人有格局，做事顾大局

做人当有格局，有格局才能顾全大局。能否顾全大局，不管是对个人还是其他人的利益而言，都能起到决定性的作用。在"格局"一词被当做一个时髦词语来用的当下，这样的观点更是被经常提起。但是，当我们看到这句话，很多时候，我我们只能想起几百甚至上千年之前的故事。比如蔺相如为了顾全大局，不与大将军廉颇争一时之气，主动向对方示弱，反而使得知真相的廉颇羞愧难当、负荆请罪。再如三国时期的诸葛亮，当自己的爱将马谡犯下错误的时候，为了顾全大局，不得不掩面挥泪将之斩杀。然后便是貌似放之四海而皆准，但是感觉不怎么接地气的人生哲理。久而久之，难免会觉得鸡汤的味道到底是浓了一些，在工作和生活中并没有多少用途。

有鉴于此，当我们再一次谈到这一话题的时候，我们先来分享一个真实的故事。这个发生在当下职场上的事件，是清华大学管理学教授宁向东在讲述公司组织类型课时分享的，原来的标题叫做《为什么销售不嫌事大》。

故事里讲了一家以技术服务为主要业务的公司，公司的主要业务部门有四个：技术产品的研发部门、技术产品的运营维护部门、销售部门和售后服务部门。在问题出现之前，这家公司一直处于高速发展阶段，是整个行业当中的标杆企业。这主要得益于公司那支完全可以用精英来形容的销售团队。公司销售部门的经理是一个团队激励的高手，通过对员工进行物质和精神方面的有效激励，使所有的销售人员都处于一种自动自发的状态。当然，在这种超一流的状况下，他们的业绩也是非常惊人的。通常情况下，他们这个团队一个季度所取得的业绩，行业内其他公司的销售人员就得用一年来完成。这家公司的老板坚信"市场为王"的商业规则，他一度以为有了这样强悍的销售团队，公司在行业内的地位就有了保障。但是，问题还是出现了，而且严重性远远超出了他和公司管理层的预料。

最早出现问题的是公司的售后服务部门，这是一个 24 小时服务呼叫中心，随着公司的销售业务越做越好，呼叫中心的电话就变得越来越频繁了。当然，这并不是什么很严重的问题。真正的问题在于当呼叫中心的员工加班加点把客户反映的问题整理好反馈给运营维护部门之后，运营维护部门竟然对这当中的很多问题束手无策，他们给出的答案是，只有当时的产品研发者才能从根本上解决问题。然后领导就要求产品的研发部门解决，却被告知有些产品的研发工作被外包给了合作的团队，团队当中还有很多是兼职人员，还有很多在校的硕士生和博士生，这些人毕业以后就已经各奔东西了，现在根本就联系不到他们。无奈之下，公司的研发部门只能采取临时的解决方案，在出现问题的产品上打上补丁，但是那些打补丁的产品还是会不断地出现新的问题。而那些问题得不到彻底解决的客户又开始不停地打电话给呼叫中心抱怨甚至投诉。还有些客户实在忍受不了,直接找到公司的上层领导反映问题。上层领导和呼叫中心的员工又把这些问题连带情绪一起交给了运营维护部门,维护部门又把解决不了的问题再次塞给研发部门。

如此这般,公司的运营慢慢陷入了一种恶性循环当中。为了彻底把问题解决掉,公司的领导曾多次把几个部门的员工叫到一起商讨解决的方案。但是各个部门除了相互指责、推诿之外,并没能制订出什么有效的方案。经过几番尝试之后,公司的状况变得越来越糟糕,老板也已经到了即将崩溃的边缘,企业已经到了生死存亡的关口,问题必须及时解决。

这种情况下,宁向东教授带着自己的团队入驻了这家公司。经过非常细致地了解之后,他们发现问题的源头竟然是一直被老板视为企业最宝贵的资产的销售团队。原来,为了最大限度地激励销售人员的工作热情,公司制定了诱惑力极大的奖惩制度,奖惩的唯一标准就是销售业绩,单子越多、越大,得到的奖励就越丰厚;反之将会受到严厉的处罚。在这种激励措施的影响下,销售人员完全置公司的产品研发能力和后期的运营维护的承受能力于不顾,只要有单子就签,单子越大越好,而且不管对方提出什么样的要求,都会不顾难度和成本地答应下来。然后研发部门接到远远超出自己部门承受能力的订单就只能把一部分无法完成的工作外包。于是这种恶性循环的链条就完成了闭环,销售越疯狂,签下来的单子的数量和难度就会越大,后续的问题就会越严重。

发现问题的源头之后,宁向东教授只用了一个看起来并不复杂的方法就帮这家公司解决了危机,至于这个看起来并不太复杂的方法到底是什么,这并不是我们复述这个真实案例的重心所在。我们需要从"疯狂的销售"当中看到"格局"和"顾大局"的信息。毋庸置疑,公司四个主要的业务部门合在一起组成了公司的这个"大局"。如果每个部门的员工都有格局,心里都装着公司这个大局,处处顾全这个大局,公司的运营和发展就会处于一种平稳的良性状态。这些"疯狂的销售人员",在奖惩制度的刺激下,心里装的全是自己的利益,公司的利益和其他人的利益,完全不在他们考虑的范围内。不得不说,这种状态下的这些销售人员是没有什么格局的,更谈不上什么顾大局。而这种做人没格局、做事不顾大局的销售方式,直接把一家处于高速发展期的上市公司推到了死亡的边缘。与此同时,这些"疯狂的销售人员"也因此即将被淘汰。

这件事就发生在我们身边,也不是危言耸听。做人有没有格局,做事儿能不能顾大局,无论是对当下商业竞争日趋激烈的企业还是对个体来说,都是一念生、一念死,一念破局、一念出局的大事儿。想要有所发展就必须有格局、顾大局。

将才和帅才之间到底差一些什么

曾经跟一位资深的 HR 聊过猎头眼中的人才观，他说，一个人不管他有多么好的运气，拥有什么样的技能，或者说他本人多么努力，他在职场上的成就其实都是可以预判的，这个预判的依据就是这个人的格局。有的人格局大，他就是帅才，即使现在不是，只要他愿意，他就可以是。而有的人，他的格局小，不管他付出比别人多几倍的努力，或者是遇上了什么样的机遇，只要他没在自己的格局上下工夫，他就永远只是一个将才，最多算得上是一个优秀的将才。

这就像是古人所说的那样："不谋万世者，不足谋一时；不谋全局者，不足谋一域。"这当中讲的"谋万世""谋全局"，其实就是在说一个人的格局。一个人到底能成为一个帅才还是将才，就取决于他"谋"的这个东西的大小。纵观历史上的一些将才和帅才，如果把他们放在一起比较的话，不难发现，论行军布阵，论阵前搏命，那些帅才跟名将比起来是有一定的差距的。但是帅才之所以能够为帅，他们凭借的是胸怀和眼界，落到实处，那就是运筹帷幄、决胜千里的格局。而这一点，将才是有不足的。这不由得又让人想起刘邦和韩信之间的那场著名的谈话。

刘邦和韩信是将才和帅才的杰出代表，但是如果不比格局的话，看起来却是将才完胜帅才。

很明显，在发起这场谈话的时候，刘邦是相当具有优越感的。当然韩信把自己跟其他将军比较的话，也有点优越感爆棚的意思。于是自我感觉都还不错的刘邦和韩信就开始了对众将带兵能力的点评。评到最后，刘邦自信满满地问韩信：

"像我这样的人，如果我去带兵的话，你看我能带多少兵呢？"

韩信不愧是不可多得的将才，一开口就是实话：

"以陛下的能力来说，最多10万。"

统兵10万，不算多，不过也还算可以了，但是没有比较看不出优劣，刘邦需要找个人来比较一下：

"那么大将军你呢？你觉得自己最多能够带多少兵呢？"

韩大将军依然是实话实说：

"我嘛，我带兵的话当然是越多越好了，数量上没有上限。"

这番比较下来，刘邦明显是被比下去的一方。这让刘邦很不舒服，他要回击：

"大将军厉害呀！我带兵最多10万，你带兵没有上限。这么大的差距，为什么你还得听我的呢？"

"没错呀陛下，要说带兵这个事儿，确实是这样，因为带兵是我的看家本领啊。而陛下您擅长的却不是带兵，而是专门降伏我们这些带兵的将才。您是老天派来掌管天下的，您的心中装着整个天下，我们又怎么能不听您的呢？"

从韩信的回答来看，他不仅是一位能征惯战的将军，还是一位聊天的高手呢。之前的两次实话实说都是伏笔，最后的解答才是"包袱"，而且从效果来看，这"包袱"甩得挺响。不过实话实说，这个流传了两千多年的千古话局的真正伟大之处就在于向我们诠释了将才和帅才的区别所在。他们中间差着一个格局，一个胸怀天下做万世之谋，一个偏安一隅图一时之快。

这位资深 HR 说，从用人单位的角度来看，他们会把人才分作三类。一般情况下，这三类人才会分别与用人单位结成三种不同的关系，分别是：利益共同体、事业共同体、命运共同体。这里面会有一个普遍的现象，那就是跟公司结成利益共同体的人，基本上都是一些基层管理者；跟公司结成事业共同体的人出现在中高层管理位置上的概率会比较高；而与公司结成命运共同体的人，他们更多地会出现在公司合伙人的名单当中。这也是因这几类人才格局不同所致。

习惯跟公司结成利益共同体的人才，在他的精神世界里，他跟公司就是单纯的雇用和被雇用的关系。他的目的非常明确，我到公司来就是赚钱的，如果公司能够赚到钱，并且利益分配的机制又比较合理的话，那就在公司踏踏实实干下去；如果公司不赚钱，或者是感觉利益分配不符合自己的意愿，随时可以另谋高就。公司用人？对不起，另请高明吧。所以，格局如此的人无论才华能力如何，一般很少有走上高层管理岗位的机会，也没有哪个公司的负责人敢把公司交到这样的人手中。

与公司结成事业共同体的人就会好很多，在他的世界里不仅仅有利益，还有事业心，他看重的是一个成就事业的机会，除了赚钱之外，他更享受事业带来的成就感。在这类人才的眼里，公司不只是让自己赚钱的地方，更是自己的一份事业。很多时候，他并不认为自己是在为老板打工，他觉得自己是在跟老板一起做一件非常了不起的事情。这样的人才不管是归属感、自驱力还是忠诚度，都是用人单位所看重的。所以，一旦发现这样的人才，公司都会考虑把他们放到中高层的位置上去。一旦公司的经营进入低谷或者遭受挫折的话，坚守岗位并力挽狂澜的就是这些能够与公司结成事业共同体的人，因为他们的格局能够装得下整个公司。

关于那些能够与公司结成命运共同体的人，有一个在几年前很有影响力的话局，这次话局的主角是比尔·盖茨和一个记者。面对这位当时在全球最有影响力的人物，这位记者提出了这样的假设：

"如果让您离开现在的公司，您还能再创办第二个微软吗？"

面对这样一个假设的问题，比尔·盖茨的回答显得自信满满：

"没问题，我能。"

但是，比尔·盖茨马上就提出了一个非常必要的条件，那就是：

"只要允许我带走现在团队中的100个人。"

比尔·盖茨在这里提到的这100个人，就是能够与微软公司结成命运共同体的人，这些人都是具有大格局的人。可以想象，如果比尔·盖茨真的要创办第二个微软的话，那么他带走的这100个人绝对是公司高层的核心甚至是合伙人。当然，这只是一个假设。要说现实中的例子，只要关注一些连续创业者，创业者从一个领域转战到另外一个领域，之所以短时间内就能够东山再起，无不是因为他的身边聚拢了一些具有大格局且愿意与他结成命运共同体的人才。

古人说："以利相交，利尽则散；以势相交，势去则倾；唯以心相交，方成其久远。"这就是在用人单位的眼中，对三类人才职场成就做出预判的依据。所以，如果要回答将才和帅才有什么不同的话，答案就是格局上的不同。如果想要打破技术和资历的壁垒，取得更大的成就的话，那首先要做的就是培养自己的大格局。

心中有大局，才能高效统筹

我们在工作中总会见到这样一些人，论能力、论经验、论勤奋，他们之间并不存在明显的区别，平时并看不出什么差距来，可是一到关键时刻，差距就显现出来了。我有一个做销售经理的朋友，他经常提起他的两个下属，这两个年轻人是一起被他招到公司里来的，赶巧的是这两个年轻人还是同一所大学毕业的，在学校还是不错的朋友。这位经理说，他的这两个年轻下属一个叫胡洋，一个叫张强，要论专业能力，他们两个几乎不相上下；要是说工作态度呢，张强看起来要比胡洋更努力一些，但是要说起业绩来，胡洋可是比张强好得太多了。

这样的结果让这位经理感觉很是不解，同样的资质，怎么结果会有这么大的差距呢？况且张强看起来比胡洋付出的努力还要多一些呢！于是他就暗中留意他们。有一天张强正在办公室整理文件，前台的电话转了进来，告诉张强，他约的一个客户到了。张强一听赶紧丢下手里的工作，急忙赶去迎接，这时候客户已经在会客区等了好一会儿了。可是，时间不长，张强又急急忙忙地跑回来了，先是到资料室去复印各种文件，然后又到产品部去要样品。看到张强拿着东西走进会客室，这位经理心里总算是松了一口气。可让他想不到的是，还没过几分钟，张强再一次急急忙忙地跑了回来。这一次是跑进经理办公室，找他要合同的样本。经理一听就是一肚子火，但是考虑到客户还等在外面也不好再说什么，只好赶紧把合同的样本发到资料室，让他们打印。终于，张强拿着打好的合同样本一路小跑地走了。让经理感到无语的是，几分钟以后，张强拿着样品再一次跑了回来，原因是由于他过于着急，拿的介绍资料和样品的型号根本就对不上。最后，等张强再一次回到会客室的时候，会客室里已经空了。

这天下午，胡洋找到经理要合同的样本，说明天有一位客户要来拜访。临下班的时候，他特意关注了一下胡洋，发现胡洋正在核对资料，核对无误之后又按照使用的先后顺序分别放在不同的位置，并在封面上贴上了不同的标签。看到胡洋把一切准备得井井有条，经理没有多说什么。

第二天上班以后，经理担心之前张强的事故再一次上演，有心要过去提醒一下胡洋，却发现胡洋已经早早地等在门口了。过了一会儿，客户出现在公司门口，看到等在门口的胡洋，这位客户明显愣了一下，不安地看了一下时间，说道：

"我没迟到吧？"

"没有，是我来早了。我怕您万一来得早了，找不到人，所以我就早点出来等您了。"

胡洋把客户让到会客室，桌上已经摆好了所有需要用的资料。

"您先休息一下，我去给您倒杯水，然后我再给您仔细介绍一下咱们之前提到过的我们公司的最新产品。这些资料您可以先看一下。"

……

胡洋把客户送出公司的大门之后,把签好的单子放到了经理的面前。经理有些惊讶,因为这个订单上的额度比原来预计的高出了将近一半。这时候胡洋说:

"客户感觉我们公司的办事效率和服务态度让他们很放心。这之前我们只是通过电话进行过沟通,他之前的想法是将这批订单分成两份交给两家公司来做,今天聊过之后,就决定把全部订单都交给我们做了,所以比预定的额度要高一些。"

"我终于知道,他们之间的区别到底在哪里了。坦白说,由于张强付出的努力比别的人要多,所以他的意向客户比其他人也多,甚至比胡洋的都多,但是,往往就是在把客户约到了公司准备签单的时候把事情搞砸。他做事太没有大局观了,他以为做一个好的销售人员就是要打出比别人更多的电话,约到比别人更多的客户。这本身没有什么不对的地方,但是这并不能让他成为一个优秀的销售人员。作为一个优秀的销售人员,一定要学会从全局来考虑问题。没有大局观,就学不会有效统筹,做事情就只能是稀里糊涂地东一头西一头地乱撞。这样的状态下,你就是再努力,约到再多的准客户也不行啊。"

后来,这位经理表示,公司的高层已经跟他透露过消息,让他在一年之内培养出一个年轻人来接替他的位置,公司准备让他负责一些更加重要的工作。他的培养目标就是胡洋。如果不出什么意外的话,一年之后他将走向新的工作岗位,那时候胡洋就是新的销售经理了。至于张强,这位经理说:

"他现在最关键的就是要培养自己做事的大局观，如果他无法做到这一点的话，一年之后我都不敢保证我还能在公司见到他。虽然他资质还不错，工作热情也高，但是如果没有很好的业绩，他对公司来说就是毫无价值的。"

这种情况绝对不是职场中的个例，有太多的人看起来比别人都要努力，但是结果却往往不尽如人意。这时候他们最需要做的就是培养自己的大局观，要学会在工作中用全局的眼光来看问题。只有这样，才能抓住工作的关键，把工作安排得井然有序，做到走一步看三步，在解决一个问题的时候就能想到会不会对另外的一些事情产生影响，接下来会发生什么样的事情，从而未雨绸缪，提前做好应对，而不至于到时候手忙脚乱、胡打乱撞。这就是高效统筹的好处，而要做到这一点就必须先学会从整体上考虑问题，把人与人、事与事之间的关系和相互之间的影响考虑清楚，这就是我们所说的大局观。

没有好心办坏事，只有格局不够大

王侠，同事们都叫她大侠。事实上，她也完全对得起自己的这个称号。她性格刚直，快人快语，敢做敢说。她从来不会欺负别人，经常会为了同事的事儿而两肋插刀。只要是她认为不公平的事情，她都会及时站出来为别人出头。但王侠最近很郁闷，因为自己的好心出头差点让同事丢了工作。

原来呀，王侠最近发现同事刘艳经常在下班以后留下来加班。这让她感到有些意外，以刘艳的工作能力来说，没有理由会被留下来加班呀。而且，最让她觉得不对劲儿的是，一连半个月都是这样。另外，刘艳最近的情绪也有些不对，原来温柔腼腆的一个姑娘，最近却总是一副心事重重的样子。这让王侠怀疑小组长在故意跟刘艳过不去，因为刘艳的性格比较内向，见谁都是腼腆地笑，说话也从来不大声。为了不让自己鲁莽行事，这天王侠特意下班后留了下来。等大家都离开办公室了，她来到刘艳身边，问刘艳为什么加班，但是刘艳明显不想多说。不得已，她就问刘艳，天天这样加班，公司给她加班费吗？刘艳表示，都是自己分内的工作，还要什么加班费？这更加让王侠觉得刘艳肯定是受了委屈，但是因性格内向，不敢顶撞领导，只好自己忍着。王侠决定找个机会为刘艳出头。

周一的早上，经理组织开晨会。就在晨会即将结束的时候，王侠站了出来，当着公司所有同事的面，把她看到的刘艳的情况告诉了经理。她就是要为刘艳出头，刘艳受了委屈不敢说，但是她并不怕。可是结果却大大出乎她的意料。原来刘艳的妈妈身体一直不好，最近医生说必须动手术才行，手术定在一个月以后，到时候需要她回家照顾，至少要请20天的假。不过按照规定，公司是不可能批这么长的假期的，而且刘艳的工资还是全家主要的经济来源。于是小组长就帮刘艳想了办法，让她利用下班以后和周末的时间尽量多加班，把休息的时间攒起来，等到下个月她妈妈做手术的时候，就按调休上报。这样的话，不但工作的进度可以不受影响，而且按调休算的话，刘艳不仅有时间回家去照顾妈妈，还不会因此被扣工资。这也算是小组长的权宜之计，不好被太多人知道。但是事情被王侠这么一公开，想不让别人知道都不行了。从经理的角度来讲，虽然事情这么做是最合乎人情的，但是公司不能开这个先例，否则公司正常的工作安排就会被打乱。最后，公司只能按照规定给刘艳10天的假期，再加上之前加班的时间，刘艳一共获批了15天的假期。当然，以后刘艳也不用加班了，不是她不愿意加班，而是公司不允许了。

这件事儿让王侠觉得很是内疚，一再向刘艳和小组长表示歉意。小组长对于王侠的行事风格已经习惯了，也没要多怪她的意思。刘艳知道王侠的出发点是要帮自己，只不过是好心办坏事而已，也不好意思生她的气。但是自从这件事以后，王侠变了很多，不再动不动就想替别人出头了。

无独有偶，北京某品牌家具企业的销售经理杨姐也讲过一个好心办坏事，结果让自己为难的事儿。

那是几年前的事儿了，那时候杨姐还不是销售经理，只是一个大店的店长。当时她所在的家具卖场里，除了她担任店长的这个大店，公司还有两个小店，三个店都归她负责。她担任店长的这个店里有一位特别优秀的女销售员，公司正准备把这个姑娘调到外地去做店长。这个姑娘不仅销售能力强，平时跟同事的关系也很不错，很乐于帮助别人。就在这个姑娘要调走的前一个月，杨姐店里的销售业绩获得了全北京地区第一名，按规定从店长到店员都会有非常丰厚的奖励。但是这一次他们什么都没得到，因为在总销量第一的同时，他们店里出现了一位全北京业绩最差的销售员。这个业绩最差的销售员就是即将要调去外地当店长的那位姑娘。原来，公司跟这个姑娘说，调走的前一个月加上上任后的两个月，这三个月的时间算是岗位的调动期，期间她的工资待遇将按照全公司店长的平均水平发放，不再受个人业绩的影响，所以她就把自己不少的业绩都分给了别人。这么一来，她就成了整个北京地区业绩最差的业务员了。这件事情让杨姐非常被动。按照公司的规定，一旦某家店里出现了业绩最差的销售员，这个店就会被自动排到倒数第一的位置，整体业绩再好都不行。这件事情直接导致他们失去了争当团队第一的机会和个人受奖的机会。当时公司也正准备从各个大店的店长中选拔新的经理人选，杨姐也因此失去了竞争经理的机会，最终即将胜任店长的那位姑娘还没上任就被换了下来，公司给出的理由是，业绩不稳定，暂时不适合当店长。其实大家都知道这不是真正的原因，因为除了这一次"不稳定"之外，她之前的业绩一直都是很稳定的。最后，这位销售精英离开了公司。

三年之后，杨姐终于成为公司的销售经理，再次聊起这件事的时候，杨姐一再地表示惋惜，说如果当时不发生那样的事情，按照那个小姑娘的能力，她到现在应该也可以独当一面了。但杨姐也说，公司之所以在那个姑娘还没到新店当店长之前就把她给换了下来，真正的原因是觉得她当时还不具备一个店长应该有的格局，考虑问题不能够从整个公司的角度出发。作为一个销售人员来说她是优秀的，但是如果用一个店长的标准来衡量的话，最起码在格局这一点上来说她是不合适的。

上面的两个故事讲的都是好心办坏事，为什么好心还能常常把事情办坏呢？一个很重要的原因就是当事人的格局不够大，所看到的并不是整个公司的大局。因为自己的格局不够大，所以看不了那么远，想不了那么深，做起事情来自然也就顾不了那么多了。既然顾不了那么多，把事情办砸也就完全在情理之中了。就像我们在故事里提到的王侠，如果她的格局能够再大一点，遇事能够站在公司的角度多想一想的话，就算是要替同事出头也不会选择那么直接、极端的方式，事情也就不会变得那么糟糕。再比如说另外一个故事里的那位没来得及上任的店长，如果她能站在店长的位置去想问题的话，就会明白一个店长最害怕的就是自己的店里出现业绩倒数第一的销售员。这样一来，就算是要帮助关系好的同事，也会掌握好分寸，最起码不至于让自己的销售业绩变得那么难看。所以说，从来就没有什么好心办坏事，所有的好心办坏事都是因为看得不够透、想得不够远，根本原因就是格局不够大。

不顾大局终将被大局抛弃

因为合作的关系,我曾经在某一段时间内经常拜访一家还在创业阶段的公司,时间久了,就发现一个令我非常费解的问题,只不过刚开始接触的时候大家都不太熟悉,有些问题也不方便问。后来慢慢跟这家公司的负责人混得熟了,就在一次只有两个人的酒局上抛出了心中的疑问。

他们公司有一位管理者的位置比较尴尬,因为不论从这个人的薪资待遇和业务能力,还是从他日常的工作内容来看,跟他目前的职位都很不相符。这么说吧,这个人其实是拿着副总经理的待遇,干着销售总监的活儿,顶着一个资深顾问的头衔,虽然看起来他的手底下管着三个销售经理,但是没有多少实际的权力,一旦公司有什么重要决策的时候,他明显就被挤到了核心之外。但是他又不像是真正的边缘人,因为他拿的是一份副总的薪水,这是一般的边缘人绝对不可能有的待遇。

这位老板在听完之后没有立即做出回答,而是慢慢地干了杯中的酒,沉吟了好一会儿才说:

"你知道他是怎么来到公司的吗?"

随后就自己回答道:

"他原来所在的公司比我们公司的实力强了不少，他在公司里算是一个非常关键的人物，职位没有多高，待遇也不算很好。因为他是这家公司负责业务的总经理的助理，还是一个能力非常不错的助理，他跟好些客户都有着不错的私交。对于我们这样一家还在创业阶段的公司来说，这些都对我们有着不小的诱感。虽然如此，但是我们不敢轻易将他挖过来，你知道的，这事一旦弄不好，就会影响公司的发展。但是事情非常出人意料，他主动找到了我，一开口就要副总的位置。因为他手里有关键资源，所以我答应了他。他暗示我他已经谈了几家类似的公司，谁答应他的条件，他就跟谁合作。于是我就答应了他的条件，但是我也提出了我的条件，我可以马上就兑现副总的待遇，但是副总的任命需要经过一年的磨合期之后再下达，这一年之间，他的职位是资深销售顾问，需要利用手里的资源给我带出三个出色的销售经理。同时，公司再另外支付他一笔不小的费用作为一年磨合期的补偿。反正他的实际利益诉求我已经完全满足了他，所以他在短暂的考虑之后也就答应了。"

接下来我们并没有就这一问题再继续讨论下去，但是通过这位老板的叙述，我们不难判断这位拿着副总待遇的资深销售顾问，接下来会面临着什么样的局面。如果不出意外，十有八九他会在一年的磨合期满之时被现在的公司扫地出门。这样的结局早在他决定出走的那一刻就已经注定了，他丝毫不顾全原来公司的大局，甚至以损害原来公司利益的方式来换取自己在新公司的利益，是极不负责的表现。如此没有大局观的人，又有哪个老板敢把自己公司的核心交到他的手里呢？这也就是这位老板宁愿再给出一笔不小的费用也要争取一年的磨合期的原因所在。这位老板的态度其实已经非常明确了，你要副总，我给你副总的待遇，然后我再用一大笔钱买你一年的时间。说白了就是我宁可多花钱，也不肯放权在你手里，让你走进公司的核心。宁可多给你钱是因为你手里有公司需要的资源，不给你放权是怕你今后给公司带来更大的伤害，就因为你没有大局意识。

大局意识是一种境界，也是一种职业操守，它要求我们不管在什么时候都要全面地看问题，以公司和组织的利益为重，绝不能只盯着个人眼前的利益不放，更不能为了个人眼前的利益而用公司的利益来做交换。具有大局意识的人，看似在某些关键时刻为了保全公司的利益而牺牲了自己的利益，但是由此带来的良好声望却是一笔不可多得的宝贵财富。相反，如果是一个缺乏大局观的人，虽然在当下会获得一些好处，但是它葬送的很可能就是自己的职业生涯。这样的人，不管走到哪里都不会受到欢迎，更不会有机会走进公司的权力核心——就像上面这名处境尴尬的资深销售顾问一样。

我们再来看一个国外的案例故事：

在美国有一位非常出名的电子工程师克里丹·斯特，但是他所供职的公司的实力却不是很强。这样一家规模和实力都不是很强的小公司在强大的竞争对手比利孚电子公司的强势碾压下，处境日益艰难。这让克里丹所在公司的员工们感到非常不安，他们都在担心万一公司真的破产了，他们又该何去何从，甚至有不少人开始幻想，如果自己是在竞争对手比利孚电子公司工作那该有多好呀，根本就不用为了公司的处境而感到担忧。

也许是因为克里丹作为一位电子工程师来说，他的名声确实够大，总之，比利孚电子公司技术部的经理是自己找上门来了，他邀请克里丹一起共进晚餐。然后，在晚餐的宴席上，这位来自竞争对手公司的技术部经理表明了自己的真实意图：

"克里丹先生，如果我们技术部能够拥有一位像您这么出色的工程师的话，那对我们来说绝对是一件非常荣幸的事情。当然，要是您能够把公司里最新产品的数据资料也带过来一份的话，我想我们公司一定会给您很好的回报的——"

还没等对方说明白要给出什么样的好的回报，克里丹就已经愤怒地打断了他的话：

"恐怕您需要先弄明白一点，那就是我非常爱我现在的公司，虽然它现在的处境并不是很好，但是这并不影响我对公司的感情。还有，您需要明白的是，作为竞争者，我很敬重贵公司，也非常敬重您。所以请您不要再说这些让我改变对您的看法的话了，这种出卖良心、出卖自己公司的事情我是不会做的。而且，我想你们也不会希望这样的人到你们的公司里去吧？"

这位经理看见平时温文尔雅的克里丹一下子变得这么严肃，知道他是真的生气了，赶紧转移了话题，一直到晚餐结束都没再提数据资料的事情。

不过，克里丹的坚持并没有能够改变大局。不久之后，公司还是被迫宣布破产了，克里丹也因此成了失业人员。就在所有人都在为他感到惋惜的时候，他却意外地接到一个电话，对方邀请他到比利孚电子公司的总部去一趟，说有非常重要的事情要跟他商量，这个打电话的人就是比利孚电子公司的总裁。见面之后，比利孚公司的总裁交给克里丹一张聘书，诚意聘请他担任"技术部经理"。

原来，不久之前跟克里丹一起共进晚餐，并要求克里丹出卖他们公司最新产品资料数据的技术部经理已经退休了，他在临退休之前向总裁推荐了克里丹，并告诉了总裁他在克里丹那里碰壁的经过。显然，他们中间的这个小插曲比克里丹出色的技术更能够说服总裁，所以总裁在把聘书递给克里丹的时候说：

"年轻人，我之前只知道你的技术非常过硬，但是现在我知道你对企业的忠诚也非常让人钦佩，所以我认定你了，你就是最值得我们信任的那个人。"

大格局，要能预见未来

很多人聚在一起都喜欢聊聊未来，不过每个人聊未来的方式却是不一样的。有的人聊未来，他的未来很近，三五个月，一年半载。有的人聊未来，他的未来比较远，短则十年八年，长则三五十年，甚至是一生。

有的人把规划得很清晰，他的未来充满了画面感，具体而又直观。比如，在未来他会打拼到一个什么样的职位，或者是创办一家什么样的公司，拥有一份什么样的事业，找一位什么样的伴侣。这些都在他的未来规划里。

有的人的未来很抽象，他会告诉你，在未来他要当官，能管很多人的那种。他会告诉你在未来他要当一个老板，有很多很多钱的那种。他还告诉你，在未来他要娶一个漂亮的媳妇，就是要多漂亮就有多漂亮的那种。他会告诉你，在未来他想要过非常舒服的生活，就是想干什么都不受限制的那种。

两种未来，一种长远而直观，一种短浅而抽象，这两种不同描述未来的方式反映的是两种相差甚远的预见未来的能力。而预见未来的能力则决定了他们掌控未来的能力。对未来的掌控能力越强，拥有自己想要的生活的可能性就越大。

比尔·拉福，美国当代著名企业家、拉福商贸公司总裁，他还在中学的时候，他就对自己的未来有了清晰的规划，他立志要成为一名优秀的商人，但是接下来他的人生轨迹却让很多人看不明白。

立志要成为优秀商人的他在中学毕业后考入了麻省理工学院，却出人意料地选择了机械专业，这看起来跟他要成为一个优秀商人的规划并没有太大的关系。很多人以为，他是不小心选错了专业，等到毕业之后应该就会马上开始自己的经商之路了。不过等到读完了机械专业之后，他也并没有像很多人预想的那样开始经商，而是又换了一所大学，到芝加哥大学又攻读了三年的经济学，并获得了经济学硕士学位。看到他这次选择的专业，人们更加坚信他之前选择机械专业是一次失误，也都在想着等他拿到经济学的硕士学位之后就该开始经商了。但是事实又一次让大家感觉到意外，从芝加哥大学毕业之后，他在众人惊讶的目光下又开始考公务员，然后以公务员的身份在政府部门一待就是五年的时间，五年之后从政府部门辞职的他又应聘到通用公司开始做业务员，等到在这家知名公司做得风生水起，公司准备让他做高管，众人也以为他就要在这里实现自己在商业上的抱负的时候，他却从公司离职创建了拉福商贸公司，真正开始朝着自己的梦想迈进了。这时候他已经35岁了，离他中学立志要成为优秀的商人已经过去了十几年。

虽然从立志经商到最后创立自己的公司中间相隔了十几年的时间，但是他从创业伊始就顺风顺水。经过20年的经营之后，公司的资产从最开始时的20万美元变成了2亿美元，而比尔·拉福也成了美国商界的传奇人物。对于他为什么不在立志经商后就马上开始创业，而是兜兜转转地走了很多的"弯路"，直到后来率团来中国进行商业考察的时候他才揭开了这个谜底。原来他的父亲是洛克菲勒集团的一位高级职员，他发现自己儿子机敏果敢，魄力过人，是块经商的好材料。但是要成为一个优秀的商人，光有天赋还远远不够，他需要掌握更多的专业知识，集聚更为深厚的人脉，需要练就超人的交际能力，还需要在商业实践中了解经济活动的真相。经过深思熟虑之后，他才跟比尔·拉福一起制订了详细的生涯规划。后来的事实也证明，他的这个商业生涯设计方案很好地帮助比尔·拉福把预见的未来变成了事实。虽然这过程别人不一定能够看明白，但是比尔·拉福却知道自己正在一步一步走向自己想要的未来，因为这一切都在他的规划之内。这就是清晰预见未来并合理设计未来的力量。

　　一个人对于自己未来的预见性越清晰、越靠谱，他掌控自己未来人生的可能性就越大。预见性对个人的发展很重要，对企业的生存和发展也同样重要。我们在谈论一个企业家的时候，他的格局是必须谈论的一个话题，这个格局体现在哪里？就是企业家的战略思维能力，而战略思维能力其实就是预见未来的能力。只有当一个企业家预见了10年、20年、30年之后的经济形态和商业形态，他才能够有足够的时间来布局、来应对那些现在还看不见，但是早晚会到来的变化。所以，我们经常会发现，当我们生活每发生一次比较明显的变化的时候，那些能够预见未来的企业家，已经带着整个企业做好了应对这种变化需要做的所有事情，然后跑到了未来的前面。

2017年12月15日，和讯网刊登了一篇首发于微信公众号哈佛商业评论的文章，标题就是《李东生：企业家应该站在未来看现在》，说的就是一个大格局的企业家所应该有的预见未来的能力。

TCL集团董事长兼CEO李东生一贯坚持的企业战略思维就是顺势谋变。但是要想顺势，首先就要拥有看见未来变化的能力。李东生就是因为拥有这种清晰地预见未来的能力，才能够一次次带领整个TCL集团在新形势变化发生之前就做出应对，从而使得整个企业取得了一次又一次的飞跃。李东生在商海中拼搏30年，在这30年的历程中，他一直坚持"站在未来看现在"，在变化发生之前做未来的预言者，而不是在事情发生之后做事后的问责者。

2001年，中国刚刚加入WTO，在之后那几年时间里，中国的经济发生了一个非常显著的变化，那就是国际化和全球化。在这个变化的过程当中，涌现出一大批优秀的全球化的、国际化的公司。当然，也有相当大的一部分企业因为没能及时做出应对而被淘汰出局。在这些都还没有发生的时候，李东生就凭借着自己预见未来的能力，看到了中国经济必然要经历全球化的发展趋势。在这个变化当中，中国的企业要想站得住脚，发展得更好，就只有走国际化、全球化的模式。看到未来的这种变化之后，他又以未来为基点来反观现在，以此来确定今后一个时期公司发展的战略。

在1998年中国还没有正式加入WTO的时候，TCL就已经开始向越南市场进军了；2004年收购法国汤姆逊彩电业务和阿尔卡特手机业务；2015年又制定了"三军联动、品牌领先、扎根重点市场"的国际化的新的路线图，力图让TCL成为中国企业国际化的先行者。

虽然在2004到2015年之间，因为发展理念的不同，TCL经历了比较大的动荡，最终浴火重生，在这场大动荡中，李东生丝毫不为所动，坚决把理念不同的人请下车。虽然TCL国际化道路走得不算顺遂，但是不管付出什么样的代价，李东生都不肯改变国际化的发展战略，他的这种底气就来源于自己预见未来的能力，因为清晰地看到了未来发生的一切，才会坚定不移地走自己的发展道路。

也正是因为他的坚持，TCL才能有今天的成绩。2016年，TCL液晶彩电销量突破了2000万台，成为全球第三，中国第一。2017年，TCL彩电在美国市场的销量已经超越了LG，跃居第三位。如果没有李东生站在未来看现在的能力，如果不是他以此为依据坚持国际化的发展战略的话，这一切都是不会发生的。所以，李东生先生认为，对于一个企业家来说，站在现在看未来那是一种本能，只有能站在未来看现在，那才算是本事。

清晰地预见未来，这是格局的重要体现。作为个人，要能清晰预见自己未来的生活，如此才能更好地掌控自己的人生。作为一个企业家，要能清晰地预见未来经济和商业所发生的变化，这样才能够带领自己的企业取得很好的发展。但是，拥有这种能力的人只是一小部分，就像马云说的那样："预见未来者很少，他们是领袖。"那么，如何加强自己预见未来的能力呢？还是用马云先生的话来说："如果你想成功，你想成为一个亿万富翁，你必须得相信，然后你才能看见未来。"马云认为，普通人跟富豪的区别就在于：大部分的人是先看见了之后才会相信；非常少的人，他们先相信，然后才看见。那么，从现在开始就描述你的未来吧！但是记住，一定要相信你一定能够拥有你所描述的未来灿烂的生活，只有这样，你才会拥有更强的预见未来的能力，进而改变你对人生的掌控力。

能看到什么取决于你想看到什么

在英国的一所著名大学的课堂上,一位哲学老师正在给他的学生进行一项测验,他手里拿着厚厚的一摞白纸,挨个儿发给每一个学生。他让这些学生先盯着自己桌上的白纸看了一会儿,然后问他们都看到了什么。

有的学生不以为意地回答:

"老师,您发给我们的是一张张的白纸,我们看到的当然也就只能是白纸了。"

有的学生眉头紧皱,一副迷惑不解的样子:

"老师,我很努力地想从这张白纸上面看出一些奥妙来,但是我看来看去还是什么都看不到,因为这白纸上根本什么都没有。"

还有学生一副豁然开朗的喜悦:

"老师,我在上面看到了无限的希望。"

面对同样的一张白纸,有人看到了白纸本身,有人什么都没看到,还有人看到了无限的希望,三种不同的看法反映了三种不同的格局,当然也预示着三种截然不同的人生。第一种人活得实实在在,看什么就是什么，做事也循规蹈矩，不会轻易选择去冒险，当然也就很难收获惊喜，一生平稳，却也平淡。想看到些什么却什么都没看到的人，生命中更多的是一些迷茫，感觉生命不应该是一潭死水，却又不知道该往何处去。第三种人的内心有掩饰不住的热情，这样的人心怀梦想，认定必须做点什么才能证明自己的价值，他们对未来充满了憧憬，相信未来有无数种美好的可能。

诚然，一个人能拥有什么样的人生，并不是取决于他能从白纸上看到什么，但他能看到什么却取决于他想看到什么。对于想看到的东西，人们有时候并不一定有清晰的认识，而只是在潜意识中有一个模糊的念头。这个模糊的念头，由于人生格局的不同，反映在白纸上就会是不同的东西。乐观的人不管在什么样的境遇中总能看到希望，悲观的人无论在什么时候都能找到悲观的理由，说的就是这个道理。我们再来看一个例子。

陈俊是国内一家非常有名的鞋业公司的市场调研员，有一次市场部的经理派他到南方的某个城市去做调研。几天之后，调研回来的陈俊给经理提交了一份报告，建议公司完全放弃这个市场，因为这根本就算不上是一个市场，居民对他们公司产品的需求量几乎为零。如果不及早撤销这个计划的话，将来真的会血本无归。看到陈俊的这份报告，经理感到非常意外，他之所以派陈俊前去做调研，是因为他对该地区市场需求量有一个基本的判断，他只不过是要让陈俊把当地的市场情况了解得更细致全面一些而已，否则他怎么能轻易就派人去做调研呢？但是陈俊的这份报告，和他之前对这个地区市场的判断差别实在是太大了，这让市场部的这位经理产生疑惑，经过认真思考之后，这位经理准备再派一位调研员徐明重新摸查市场。

跟陈俊的调研不同，这次徐明一去就是半个多月。一回来，徐明就风风火火地进了经理的办公室，跟经理说这个地区的市场需求量非常大，而且还没有竞争者进入，他们需要尽快对这一地区展开宣传，在尽可能短的时间内把自己的产品投放到该市场，以防止被别的竞争者捷足先登。

非常有意思的是，经理在看这两份观点相反的报告的时候发现，他们提出建议的依据居然惊人的一致，都是说这个地区由于天气湿热，当地的民众过的是一种半休闲式的慢生活，所以这个地区的人都是更习惯于穿拖鞋，很少看见有穿皮鞋和商务休闲鞋的。以此为依据，陈俊给公司的建议是，这个地区的人对皮鞋和商务休闲鞋的需求量太低，如果要强行拓展这个市场的话，可能连成本都收不回来。但是徐明给出的建议却是，正是由于这个地区的人之前没有穿皮鞋和休闲鞋的习惯，所以它的市场需求量才会大得惊人。只要公司能够找准当地民众穿鞋体验上的痛点，推出一款具有超强透气性和吸汗性的鞋子，并以此作为切入点，加大宣传力度来引导他们穿时尚鞋的理念，一旦获得成功，这个市场将会给公司带来惊人的效益。

为什么同样的市场状况，会有两种截然不同的观点呢？就是因为两个人自身的格局不同。陈俊循规蹈矩，他在工作中更倾向于怎么规避风险，不求有功，但求无过。潜意识当中，他已经有了一个确定的方案。他只不过是需要一个理由来支持自己的观点，所以当他了解到当地民众的实际情况之后，就理所当然地把它当成了自己判断的依据，这也是完全在情理之中的事情。而徐明则不一样，他一心想的都是怎么取得事业上更大的成就，他会下意识地把所有的事情都当做一次机会，自然也就会尽全力发掘事件当中的一切有利因素。

请相信一句话，你看到的这个世界的样子并不是这个世界本来的样子，而是经过你的视觉和潜意识加工过的那个更倾向于你的潜意识需求的样子。也就是说你能够看到什么取决于你想看到什么。明白这句话之后，当你再面对一个你觉得很难解决的问题或者是你感到非常绝望的时候，先不要急着下结论，先调整一下你的心中所想，给自己一个积极乐观的暗示，告诉你的潜意识，这个问题没那么难，或者目前的情况并没有那么糟。你需要做的就是努力从目前的状况中找出一些支持它的理由而已。这时候你再重新看一下你面前的一切，总会有意想不到的惊喜。

阿亮自己经营着一家小餐厅，餐厅的前面有一个美丽的广场，在这里散步的人很多，客人也可以透过餐厅的大玻璃窗观看广场上的鲜花绿地和漂亮的喷泉，所以餐厅的生意一直都很好。但是不知道什么时候广场上出现了一群飙车族，他们的出现，让整个广场一下子变得非常冷清，因为人们都被那些来回穿梭的摩托车给破坏了好心情，换到别处消遣了。阿亮小餐厅的生意也受到了很大的影响，他去找那些人理论，但是那些年轻人根本就不听他的。他有心报警，又怕事后遭到他们的报复，而且就算报警也没多大的作用，在警察来之前，这些人肯定早就已经溜之大吉了。这让阿亮感到非常苦恼，甚至都在想如果他们一直这么闹下去的话，他干脆把这个餐厅转让出去好了。

但是每当生起这个念头的时候，他就觉得非常不甘心，他不停地告诉自己，事情并没有现在看到的那么糟糕，他们的出现也许是一件好事儿。店里没什么顾客，他就坐在窗前看着那帮在广场上闹腾得汗流浃背的年轻人。突然，他好像明白了什么，让服务员准备了一些冰镇的饮料，他亲自拿着这些饮料送到这些年轻人的手里，这些人被阿亮递过来的饮料给弄蒙了，也不伸手去接。阿亮就告诉他们，饮料随便喝，免费的；喝完之后，瓶子放在旁边等服务员过来取就行了。从此以后，只要他们出现在广场上，阿亮就会亲自把饮料给送过去，让他们免费喝。终于，几天之后，其中一个年轻人来到阿亮的店里，跟阿亮说：

"老板，求求你别这样了，你再这样我们可受不了了。"

阿亮假装无所谓地说：

"没事儿，反正没顾客，饮料多的是，放在冰柜里还费电，拿它们来结交你们岂不是更好吗？"

这个年轻人环视了一下餐厅，空荡荡的，没几个人，瞬间脸就红了：

"对不起，老板，这事儿是我们不厚道，我去跟他们说去，以后我们换个别的地方。"

阿亮一把抓住年轻人的手，真诚地向他道谢：

"真能这样的话，兄弟，你可是帮了我的大忙了。实话说吧，兄弟，这样下去，我真是坚持不了多久了。真的非常感谢你们，以后你们聚餐啥的尽管来，我一定好好招待你们。"

"这样吧老板，我知道我们这段时间把您折腾得够呛，还喝了您好些免费饮料，我们都很过意不去。如果老板当我们是朋友呢，那有没有宣传条幅什么的，给我们挂上，我们给您环城走三天，咱们就算是交了朋友了。"

飙车一族走了，广场上又恢复了以往的热闹，阿亮店里的生意比原来还好了很多，因为这帮年轻人真的环城给他做了三天的广告。而且他们现在也成了阿亮店里的常客，隔三岔五就带一帮朋友光顾。

能看到什么取决于你想看到什么，当你觉得看到的世界让你难以忍受，那就不妨调整自己，给自己一个积极的暗示。然后重新看一遍，就会发现世界跟原来的大不一样。能够做到境由心转的人都是有大局、大气量者。

第 二 章
做大事者当有全局思维

对于职场上的精英来说,如何才能看出一个人的格局大小呢?很重要的一个特征就是器量要够大。所谓的器量,就是说一个人的心胸。

器量够大，格局才够大

对于职场上的精英来说，如何才能看出一个人的格局大小呢？很重要的一个特征就是器量要够大。所谓的器量，就是说一个人的心胸。一个心胸开阔的人才可能赢得自己事业和人生的各种成就。相反，一个人即使拥有过人的才华，但是器量却不够大的话，那么他难成大事。那么又如何去判断一个人的器量大小呢？首先，观察一个人在面对功过时的态度。一个拥有大器量的人从来不会把大家的功劳全部都揽到自己身上，却经常会把原本属于自己的功劳分给别人一份。他在面对责任的时候却恰恰相反，从来不会在需要承担时先急于为自己辩白，而是会主动要求承担责任。这就是我们经常说的推功揽过，能否主动做到推功揽过是判断一个人器量大小的首要标准。

小天最近一段时间比较兴奋也比较忙碌，因为她在谈一个非常大的单子，如果这个单子谈成的话，她完全有可能成为部门今年的"单王"。这对刚进公司一年的小天来说，就是个天大的好事儿，她在心里不断地憧憬着这个单子签下来身边的同事羡慕而又钦佩的目光，来自领导的表扬，甚至连大老板也会亲自表扬自己呢！说不定自己还会因此而获得升迁的机会。小天越想越开心,工作起来也越来越有劲。一连半个月,小天几乎是长在了办公室里,就连在晚上回家睡觉的时候,脑子里想的都是如何把客户的方案做得更好一些。终于,功夫不负有心人,经过跟客户的一再沟通,小天的方案获得了客户的高度认可。在得到客户的确认之后,按照流程,小天把最终的方案交到了经理那里。经理看到方案后,也对她的这个方案赞赏有加,又把小天叫过去就方案实施的一些细节做了几次深入的讨论,也具体了解了一下这个客户的详细情况,然后就告诉小天,让她等着好消息就行了,剩下的事情都交给领导来处理。于是小天就开始满怀希望地等待,等待着想象中的那些美好的事情尽快到来。

　　让小天没想到的是,几天之后的公司大会上,老板重点表扬了小天的经理,说他为公司找到了今年以来最大的客户,另外还说他为这位大客户制订的方案也是非常出彩,完全可以作为策划方案的一个范本,还请经理在会上就这一方案的一些细节进行讲解。而经理在大会上侃侃而谈的竟然就是小天交给他的方案。不用说,小天也知道老板所说的那个最大的客户是谁了。最可气的是,在接受老板表扬的时候,经理竟然丝毫都没有提及小天。这让小天觉得非常难以接受,同样为这件事感到生气的还有同一部门的其他几个同事,也都为小天抱不平,最重要的是在这样的领导手下干活,他们感觉怎么也看不到希望,反正将来所有的功劳都是领导一个人的,自己凭什么还要那么努力工作呢?这样一来,整个部门的工作热情一下子就降到了冰点以下。

　　显然,小天的这个经理并不是一个称职的领导,不光做不到把自己的功劳分给下属,竟然把下属的功劳全部揽到自己的身上。这样的领导,格局小到什么程度可想而知。但是他很快就会意识到这么做到底会有什么样的后果了，因为他一味地揽功，整个部门的工作热情都已经没有了，接下来的情况也就可想而知了。一个有格局的领导是绝对不会这么做的。我们再来看一个故事，看看真正有格局的领导在功过面前是怎么做的。

张冰是一家工厂的生产科科长，他在整个生产科都有着极高的名望和极强的凝聚力。这并不是因为他是科长的缘故，也不是因为他的出色的技能和勤奋的态度。大家之所以都对他倍感钦佩，是因为他身上有一股带头大哥的担当，就算是遇到了什么困难，大家也不会变得手足无措，因为有张科长做他们的主心骨。他们知道，不管什么时候，张科长都不会扔下他们不管的。就拿前不久的一件事情来说吧，不久前，因为公司的原料供应商在供货方面出了点问题，导致生产科的产量没能达到公司要求的指标。厂长非常生气，在开全厂大会的时候对生产科提出了严厉的批评，并表示要扣除生产科全体员工当月的奖金。这让生产科的员工们感到多少有些委屈，毕竟问题出在原料供应商那里，又不是他们工作不努力。但是他们也只是这么想想，没有任何一个人敢出来跟厂长理论或者提出异议，因为他们知道张科长是不会让他们受委屈的。

他们想得没错，在散会以后，张冰一个人找到了厂长。他并不是来找厂长理论什么的，也没有就产量不达标找过多的理由，而只是对厂长说：

"没能保障原料的及时供应，是我在沟通方面出了问题，这个责任属于我的，跟生产科的其他人没有关系。所以这次要处罚的话，也应该是处罚我。您看能不能这样，扣除我这个月的工资和这个季度的奖金，其他员工的奖金就不要扣了。"

在认真考虑了一会儿之后，厂长同意了张冰的这个建议。生产科的员工知道这个事情以后都非常感动，接着又想到，科长帮他们免除了处罚，他们也不能眼看着科长一个人受罚呀。于是，所有的员工都开始积极主动地加班。大家下定了决心，接下来一定要超额完成生产任务，要把张科长被扣除的工资和奖金再拿回来。在他们同心协力的努力下，果然第二个月的产量远远超过了公司的要求，厂长也感到非常高兴，随即表示要对生产科进行嘉奖。但是面对厂长的奖励，张冰再一次表示，这都是大家努力的成果，这个功劳应该归功于大家，所有的奖励都应该是大家的。张冰把所有的奖励都分给了大家，自己却分文未取。

也正是因为这样，张冰总是把责任揽到自己的身上，把功劳分给大家，所以，他不但得到了生产科所有员工的支持和爱戴，同时也让生产科的产量一再创出新的高度。推功揽过，这才是一个真正有格局的领导在功过面前应该有的态度。

如果不是格局太小,绝对没人能够阻止你成功

我们经常说的一句话就是:人,最大的"敌人"是自己。这句话说得没错,我们常常以为阻碍我们成功的最大威胁来自外部,比如说我们大多数人经常抱怨出身,比如说经常会强势碾压我们的那些竞争对手,比如说我们一提起来就觉得愤愤不平的种种不公。但是实际上这些都不是我们成功路上的最大障碍。那些成功者的经历一再地告诉我们,这些看似强大到不可战胜的阻碍都是可以跨越的,除非我们不想去跨越,或者不敢去跨越。而那些让我们产生不想或者不敢做的东西,才是我们最大的威胁,这些东西就是自己层次的局限性,自己视野的狭隘性,自己见识的短浅性。总结为一句话,就是我们自我格局的局限性,这可以算是对"人最大的敌人是自己"这句话的进一步解释。

其实我们自我格局的局限性一直都非常明显,我们每个人的视野和认知都会处于某一个层次当中,我们所说的每一句话,我们所做的每一个动作,都明白无误地表明自己的格局到底在一个什么层次上。

曾经有一位智者,他有三位最为得意的弟子。有一天,他想看看这三位弟子的修为如何,就让他们每人说一件自己觉得最为自豪的事情。

大弟子说：

"最让我觉得自豪的是，我发现自己是一个不贪心的人。比如说有一次有个外地来的商人把一大袋珠宝寄存在我这里，过了好久才回来取。我明知道那是一大袋珠宝，但是在他回来之前我根本就没有打开看过，甚至连打开看一眼的念头都没有。他一回来，我就原封不动地交还给他了。"

然后二弟子说：

"我感觉最为自豪的事情是我觉得自己是一个仗义的人。有一年的初冬，我从冰冷的河水里面救出一个落水的小孩，自己也因此而大病了一场。后来获救孩子的父母赶来看望我，要给我非常丰厚的礼物作为答谢，但是我没让他们留下任何东西。我觉得这是我应该做的。"

最后，最小的弟子说：

"最让我感到欣慰的是，我觉得我是一个仁慈的人。有一次我在山上看到悬崖边上挂着一个人，到跟前一看，这个人是我的仇人。这些年来，他一直在背后中伤我，还想了好多办法来害我，但是我还是把他救了上来。所幸的是，他现在已经不再与我为敌了。"

我们不去考虑这位智者对他的三位弟子都说了些什么，我们自己做一回智者，来看看这三位弟子的格局大小。其实不难看出，大弟子的格局就是守规矩，不该做的不做。就算爱财，也会做到取之有道。这算得上是一个正直的人，这样的人不管是作为员工还是作为公司的一个领导，都算是合格的。二弟子呢，就像他自己说的那样，他是一个很仗义的人，能够救人于危困，且不计回报，这样的人作为一个员工，他会懂得付出，而且不会斤斤计较个人的得失，还会主动帮助同事。这样的员工不管在什么样的公司都会获得同事和领导的喜欢。如果作为一个领导，他会不遗余力地提携有能力的下属，敢于向公司举荐能力比自己强的员工，甚至当他们职位高于自己的时候都不会介意。

至于这位智者的第三位弟子，他是一个为了顾全大局能够化敌为友的人。在与别人发生利益冲突的时候能够为了大局着想，把自己的得失放在一边。如果他是一位创业者的话，他会是一个真正具有大胸怀的人，他能够把一切不利的因素转化为有利因素，团结一切可以团结的力量，为了目标而奋进。这样的人，必将具有强烈的个人魅力和人格感召力。拥有这种大格局的人，不管做什么样的事情都没有做不成的道理。

接下来我们来看一个真实的故事：

美国苹果公司的前总裁乔布斯就是这样一位具有化敌为友的大胸怀、大格局的人物。当时乔布斯因为个人的健康问题已经在考虑退休了，就在他准备退休的时候，一件意想不到的事情延缓了他退休的计划。因为这时候苹果公司出现了一个"敌人"——尼古拉斯·阿莱格拉，这位年仅19岁的少年是一位计算机天才，当时正就读于布朗大学。这位计算机天才从9岁的时候就开始自学编程代码，曾经成功地"黑"过好多家知名的网站。有一次，他在使用苹果手机的时候发现手机里的游戏视频无法保存到自己电脑上，于是不甘心失败的他开始找苹果代码中的漏洞，并且根据这些漏洞成功地开发出了破解代码。这样一来，不仅游戏视频无法保存到手机的问题得到了解决，他还可以利用自己开发的这些代码随心所欲地安装自己喜欢的软件到苹果手机上。这就是我们现在所说的"越狱"。最让苹果公司感到头疼的是，这种越狱代码在非常短的时间内就得到了疯狂地传播，大面积的"越狱"行为让苹果公司越来越难以招架。无奈之下，乔布斯只好向美国国家安全局的一位专家求救，但是经过一番努力之后，这位专家告诉乔布斯：

"我认为不会有任何人能够破解阿莱格拉的代码，我和他之间的差距实在是太大了。"

对于专家的这番话，乔布斯并不以为然，不信邪的乔布斯开始了与阿莱格拉的正式对决。2011年7月，阿莱格拉发布了新的破解设备，几乎就在同一时间，乔布斯马上在所有的零售网络上对这种新的破解设备进行了全面封杀。但是让乔布斯始料未及的是，他的这一举措彻底激怒了好胜的计算机天才阿莱格拉，在一个月之后，阿莱格拉就把苹果的系统漏洞捅了个更大的窟窿，直接导致超过300万的苹果手机用户同时"越狱"成功，这一事件几乎让苹果公司的设备全面瘫痪。

痛定思痛之后，不信邪的乔布斯终于想明白了，如果再这么继续对抗下去，只会让事态变得越来越糟糕，与其这样白白让苹果公司继续遭受这种无妄之灾，倒不如化敌为友，把阿莱格拉这样的超级天才引入到公司里来。于是，明白过来之后的乔布斯开始转变态度，他亲自找到阿莱格拉，跟他一起聊人生、谈理想、谈事业，并主动向他抛出了橄榄枝，真诚地邀请他成为苹果公司的一员。终于，阿莱格拉被乔布斯的诚意所打动，同意利用课余时间进入苹果公司实习，毕业之后就正式加入苹果公司。终于，由于乔布斯化敌为友的大胸怀，曾经的敌人成了苹果公司安全团队的一员。

事后，乔布斯深有感触地说："如果你想要战胜一个敌人，最好的办法就是先和其结成盟友。"

不难想象，如果乔布斯不能及时审视自己的格局，从而调整自己面对对手的策略的话，一旦把对手逼到跟自己"死磕"的境地，阿莱格拉这样的超级天才凭借自己的技术完全有可能给苹果公司带来一场巨大的灾难。也正是因为乔布斯在不利局面下能够有意识地扩大自己的格局，把对手纳入自己的大格局里面来，这才会有后来的双赢局面。真就应了那句话：格局大了，就没人能够阻止你成功。

眼里不揉沙，因为格局不够大

跟朋友聊起职场上的人生百态，这位资深 HR 笑称，有那么一类人，做事儿很认真，做人也很踏实，而且专业能力也不弱。但是却总是没办法让领导放心，自然也就很难获得升迁的机会了。不仅如此，还总是会遭遇被领导"雪藏"的命运。为什么？因为他的眼里从来不揉沙子。总是憋着一股子打破砂锅问到底的劲头，凡事总要分出个是非对错来才甘心。

但是在职场上，为了大局着想很多时候总是免不了要做出一些牺牲的。限于形势所迫，采取一些权宜之计也是在是无奈之举。面对这样的情况，格局较大的人能看到事情表象之下的苦衷和缘由。心中自然就会多一分宽容和理解，有些事情虽觉着有些委屈还是会选择执行。从大局和长远来考虑，这些不快很快机会自己化解了。但是那些自称"眼里不揉沙子"的人，却不懂得这当中的大智慧。但凡有点看不懂的或者感觉不对味的事情，非得梗着脖子掰扯清楚不可。归根结底还是因为自己的格局不够大，无法从大局着眼。考虑问题既不够远也不够深，有时候虽然并不是有心为之，却总是给同事和领导带来不小的麻烦。

比如说，面对客户的时候，有些不方便说的事情，上司需要把"锅"甩给下属。这不过是在面对客户时的一种策略。但是如果你"甩锅"的时候遇到的正好是上面说的那类人。他会非常耿直地跟你力争到底，非得把事情弄出个是非曲直来不可，你让他过一会儿再说都不行。不仅把"锅"甩给他的时候是这样，哪怕是你在"甩锅"给别人的时候让他看见了，他都会选择及时出手。哪怕这时候那些机灵点的下属明明已经把"锅"给接过去了。这样的员工又怎么能让领导放心呢？被"雪藏"自然也就是情理之中的事情了。

这位朋友说，他就见过这么一个把上司气得七窍生烟了还不知道自己做错了什么的员工。朋友并没有说出该员工的名字，我们就叫他小A好了。其实在领导的眼里，小A还是一个不错的员工。做事儿认真负责，勤勤恳恳任劳任怨。但是最让领导不放心的就是他的那种"眼里不揉沙子"的个性，如非迫不得已决然不敢让他出头露面。但是事有凑巧，因为有段时间单位的业务量比较大，有些项目不得不把交付的时间往后推迟，这当中就有小A负责的一个项目。偏偏对方又催得急，最后干脆就派人直接上门了。这位朋友原本是不想让小A直接面对客户的，就怕他一不小心就会把事情搞砸。但是没办法这个项目是小A负责的，只有他最熟悉情况。无奈之下他只好跟小A一起跟对方汇报项目的进度。小A是个极其认真的人，把项目的进展情况讲解得非常细致，也跟对方重新敲定了交付的时间。到此为止，事情进展的还算是顺利，对方对于新的交付时间也表示认同。然后对方看似不经意地问起了这次项目交付时间推迟的原因，这次没等小A回答这位朋友就赶紧跟客户说：

"错过了原定的交付时间，真的是抱歉的很。从咱们商定好了方案之后，我们就进入了紧锣密鼓的实施阶段。但是小A他们在项目展开之后才跟我说这其中的困难比我们之前预计的困难要大不少。这个有点出乎我的意料之外，之前我对于这些细节并不知情。但是您知道的，我们一贯的宗旨就是做好每一个细节。就算是困难再大，我们也不能以牺牲质量为代价来换取交付的时间。这段时间以来，小A为了这个项目也付出了很大的努力，已经连续加班半个月了，他们也是竭尽全力在赶进度了。不过，这也是给我们提了一个醒，今后我们在项目的前期会把问题考虑得更具体、更全面。"

听完这位朋友的解释，对方原本因为项目延期而阴沉的脸色变得好看了不少。但是一旁的小A的脸色就变得难看了起来。对于领导甩给自己的"锅"他感觉非常难以接受。事情明明就不是这样的，为什么自己那么努力工作却还要替公司来背这个"黑锅"？越琢磨越不是滋味的小A就当着客户的面跟自己的领导说：

"这个项目的难度我记得一开始就跟您汇报过的，我报给您的这个项目周期也是没有错的呀。难道我们不能按时完成这个项目不是因为临时有加入了别的项目吗？如果不是临时加进来的这个项目，是不会出现这样的问题的。"

那位朋友后来说小A的这番话让刚刚有所缓和的场面瞬间变得非

常尴尬，对方直接不冷不热的来了一句："原来贵公司还把客户分成了三六九等呀，我们公司就是排在后面的喽？"这位朋友当时根本就顾不上生小Ａ的气，为了获得对方的谅解可以说是使出了浑身的解数。最后对方也只是留下一句："反正事情已经这样了，只希望这次再不要被哪个VIP客户加塞了就好。"就离开了。

虽然经过一番努力之后，这个已经进行了一大半的项目没有被对方终止，但是从那以后就再没有接到对方的订单了。自此以后，这位朋友就再也不敢让小Ａ直接面对客户了，其实这跟被"雪藏"没有什么不同。关于小Ａ今后在职场上的前景，我们谁都没说，但是我们心里却都明白。其实，从这件事情上来说，小Ａ并没有错。所以，虽然他让领导经历了少有的难堪，虽然也给公司造成了一定的损失，但是他的领导并没有因此就对他做出处分。但是有了这次的教训之后，不管是什么样的领导都不太可能再给她更多的机会了。小Ａ没错，但是却输在了格局上。如果的他的格局能够大一些的话，就能够站在公司和领导的立场上来看待问题了。考虑问题的高度提升之后，想明白这当中的原委并不是一件非常困难的事情。这并不是在提倡什么职场政治，也不是说各种拍马逢迎才是真的聪明。而是一种大格局下的通透和隐忍。眼里揉不得一粒沙子，做人做事儿受不得一丁点委屈，说到底还不是因为自己的格局和器量不够吗？

相信很多人都知道那个跟领导一起坐电梯的段子：跟领导一起陪客户，在电梯里不知道是谁因为身体不适一不留神就"污染"了电梯里的空气。尽管是事出有因，但终归是一件有些尴尬的事情。这时候是让领导尴尬？还是让客户尴尬？还是自嘲自黑一下换取大家的会心一笑？这个选择绝对不是什么职场政治，而是一种做人做事儿的肚量和格局。段子调皮了一些，但是这当中的道理却是非常深刻的。

有格局的竞争不是你死我活

竞争，是一个谁也逃不开的词，不管是在生活中还是在工作中，都是一样，不过相对来说还是在工作中表现得更加明显一些。有位做管理的朋友说，他非常喜欢竞争这个词，他特意在自己所在的公司里设立了竞争机制，希望在自己的公司能够形成一种你争我赶的良好势头。在公司内部引入设立竞争机制，以此增强员工的危机感和竞争意识，激活大家的工作热情，这是现在很多公司都在推广的事情。管理学上的鲇鱼效应和我们在职场上经常见到的排名制及末位淘汰制，它们的目的都在于用竞争激活工作热情，并以此提高工作效率。所幸，很多成功的例子都向我们证明了，这么做是非常有效的。但是，还是有一些管理者反映，这么做有效是有效，只不过它的副作用也不小。自从有了内部竞争机制以后，大家的工作积极性都被调动起来了，平时拖拉懒散的现象基本上也都被消灭了，整体的工作效率也上去了不少。但是与此同时，同事之间的和谐融洽不见了，团队的向心力和凝聚力也没有了。为了能够在竞争中获胜，人人都使出浑身解数，以前如果有同事需要帮忙的时候，都会有人伸手来拉一把。现在情况不同了，不要说伸手帮助了，不在底下使绊子就已经算是不错了。

上面提到的那个做管理的朋友就说,对于内部竞争这个事儿他是又爱又恨。爱的当然是它的功效,恨的自然是它的副作用。用他的话说就是:"没有竞争的时候,看起来一片祥和,实际上却是懒懒散散,丝毫没有战斗力。有了竞争的时候,个个都打破了头往前挤,为了给自己整一个好的名次,什么手段都能使得出来,各有各的小算盘,这样的团队好像战斗力也强不了多少。现在感觉要不要竞争我都很头疼。"

其实,这根本就不是竞争的问题。竞争就像是一服药,用来调治拖、懒、散的药。同样是这样的一服药,有的团队用了以后就很见效,几乎没有什么不适的感觉。但是有的团队用了之后,药效就变得非常有限,而且副作用还非常明显。那就可以看出来,这根本就不是药的问题,而是不同团队本身的"体质"不同。这个"体质"说得再具体一点,就是每个团队格局大小的不同。格局大的团队,它的成员心里面装着的是整个团队,甚至是整个公司,他们能够明白整体利益和个体利益的内在关联,不会为了自己这一枝的利益而去伤害整棵树,他们知道,如果树倒了,自己的这一枝也好不了几天。这样的团队,在竞争的时候虽然不同的个体之间也会有利益的冲突,但是这些都会在整体利益面前达成和谐的统一。我们管这样的竞争叫做良性竞争。

那些格局比较小的团队呢?只见树木不见森林是每一个成员的典型特征,在奔向目标的过程中,他们的眼中除了自己的利益,根本看不到别的。于是他们就会不顾一切地搬开挡在面前的阻碍,有点神挡杀神、佛挡杀佛的意思,至于整个团队整体利益,那就更是顾不上了。这样的竞争我们叫做恶性竞争。公司里的各种钩心斗角都是这种恶性竞争的直接后果。

那么，我们又有什么办法来打造一支大格局的团队呢？我们来看看几个面试的故事，也许我们能够从其中看出一些端倪。

西门子公司相信大家都很熟悉吧，西门子公司曾经在北京举行过一次跟以往不太一样的招聘会。它的这次招聘面试的对象不是一个一个单独接受面试的，而是一组一组地组团进行。这场面试一共有十位被面试者，面试官将他们分成两组，然后提出一个假设，假如他们这两个五人小组都要乘船去南极要他们在有限的时间内提出各自的造船方案并做成船的基本模型。在整个讨论的过程中，面试官会非常仔细地观察每一个细节，然后根据他们对于造船方案的商讨、陈述及每个人在团队与其他成员协作制作模型过程中的表现进行评判，并以此作为依据来选择合适的人才。

无独有偶，法国的斯伦贝谢公司在招聘新员工时的面试也有类似之处，他们同样看重企业员工的团队精神。对此，斯伦贝谢中国分公司人力资源部的刘华女士曾有过这样的解释：

"在当今社会里，企业分工越来越细，任何人都不可能独立完成所有的工作，他所能实现的仅仅是企业整体目标的一个小部分，因此，团队精神日益成为一个重要的企业文化因素，它要求企业分工合理，将每个员工放在正确的位置上，使他能够最大限度地发挥自己的才能，同时又辅以相应的机制，使所有员工形成一个有机的整体，为实现企业的目标而奋斗。对员工而言，它要求员工在具备扎实的专业知识、敏锐的创新意识和较强的工作技能之外，还要善于与人沟通，尊重别人，懂得以恰当的方式同他人合作，学会领导别人与被别人领导。"

总而言之，就是一句话，他们之所以采取这样的面试方式就是要打造一个具有大局观和大格局的团队。通过这样的分组协作，面试官可以在这个过程中了解应聘者的格局大小，以此来判断这是不是他们需要的人。无独有偶，近来这种考验应聘者大局观的面试方式越来越多地被我们的企业所接受。前不久在某公司的招聘活动中，也使用了这样的面试方式，不过比起西门子原来的面试方式，这家公司的面试者面对的竞争压力就明显大了很多。

这家公司招聘的是三位市场部门的管理人员，因为公司在行业中有着较大的影响力，参加面试的人超过了二百位。经过招聘人员的层层筛选，最后有九位优胜者获得了最后的竞争机会。这九位优胜者将由公司的老总直接进行面试。

面对这九位参加面试的优胜者，这位老总让他们自由组合，分成三个小组。然后让小组分别对不同领域的市场展开调研，并且声明，分组只不过是让同一个小组的人对同一个领域的市场进行调研，小组成员之间不存在明确的隶属和领导关系，而且最后的考核也不会以小组的形式进行。说白了，就是同一个小组的人不过是结伴同行而已，到最后还要看个人的表现如何。

临出发之前，这位老总说：

"为了使得各位在短时间内就能对各自面对的市场有一个清晰的了解，公司特意准备了一些相关的资料，每人一份，各自找秘书去领取。

两天后,你们把各自的调研结果提交给公司。"

三天以后,最终的结果出来了。让大家感觉到意外的是,被录取的三位竟然全部是同一个小组的,而另外两个小组的六位面试者一个都没有被录取。这样的结果让其他小组的面试者非常不满,怀疑这是有人在暗箱操作,要这位老总给出一个合理的解释。不得已,这位老总对他们说:

"事情的关键就在你们出发之前领取的那份资料。现在我可以告诉你们,同一个小组的三个人领到的资料都不是完整的,最多也只是全部信息的三分之一,如果想让自己提交的报告更加完整,除非他们三个都愿意把自己手里的资料跟其他人共享。但是,这并不简单。因为我们的最终考核并不是针对整个小组的,所以,大家会本能地认为在这轮竞争中对自己威胁最大的就是自己小组当中的人。因为你们提交的报告对比起来最为直观,所以,能在这种情况下分享手中的资料,并不是一件简单的事情。不过,被录取的这三位他们做到了,所以他们的报告最完整。至于其他各位,很抱歉。我想你们应该好好想想在领到资料之后,你们心里在想的是什么。"

为什么有些人在竞争中能够做到双赢,而有些人就非得拼个你死我活不可?为什么在引入竞争机制之后,有些团队的战斗力会飙升,而有些团队就会表现出截然不同的状态?格局的大小是一个最重要的原因。如何拥有一支大格局的团队?上面的两个故事告诉了我们一个挑选人才的有效方法。那么如何对现成的团队进行改良呢?我们不妨看一看潘石屹先生在实行末位淘汰制时的一些措施。潘石屹是末位淘汰制的忠实践行者,用他自己的话说就是:"实践证明,末位淘汰制就是我们探索出来的一流的销售制度。"末位淘汰制是什么？是一种非常激烈的内部竞争机制，虽然高效却也最容易引发团队内部的恶性竞争。但是从潘石屹先生的话里，我们听到的是满满的成功。秘诀就是他在实行末位淘汰制的时候做了这样的规定：

1. 销售人员不要说一句假话。
2. 销售人员不要说别人的项目一句坏话。

短短的两条规定之所以有这么神奇的功效，是因为这两条看似简单的规定把员工的格局扩大到了一个新的高度。首先，不能说一句假话，就是要员工做到心里装着用户，要有对用户负责、对产品负责的意识，不能因为只盯着自己的业绩而做出欺瞒客户、伤害公司长远利益的举动。其次，不能说别人的一句坏话，就是让员工把整个公司的同事都看做是一个整体，不能因为自己怕被淘汰就肆意抹黑别人。只有做到了这两点，这个销售人员才有跟其他同事竞争的资格，否则就自动出局好了。而做到了这两点的员工，他们其实是拥有大格局的，这样的团队自然也就不会出现恶性竞争的事情了。

有格局的人生没有猜忌

黄经理准备找个机会跟张颖谈谈，他不能让事态再继续这么发展下去了，他感觉这样下去对谁都不好。虽然张颖来公司的时间并不算很长，但是黄经理已经好几次发现她跟刘琦在一起窃窃私语了。张颖倒是没有什么，毕竟她来公司的时间不算太长，平时的表现也还说得过去。但总是跟她在一起说悄悄话的刘琦可是黄经理的一块心病，当初在竞争经理这个职位的时候，刘琦是黄经理最大的竞争对手，最后黄经理以仅仅一票的优势坐上了经理的位置，而刘琦到现在依然只是一个普通的业务员。但是从那时候开始，黄经理就感觉刘琦对待自己的态度变了，她总是在他不在场的时候和其他的员工在一起叽里咕噜地低声说话，有时候还对着自己的办公室指指点点的。每当这时候，黄经理就怀疑他们是在说自己的不是，甚至有可能是在商量怎么联合起来对付他。

尤其是在两个月以前，刘琦竟然因为出差补助的事情当着所有人的面跟他理论，这让他感觉到非常没有面子。从那以后，黄经理就越发关注刘琦的举动了。结果是黄经理越关注就越感到不安，刘琦在同事当中还是比较有影响力的，如果继续放任他们这样下去，他自己很快就会成为光杆司令的。于是，对于那些跟刘琦走得很近的员工，黄经理就开始时不时地找他们谈谈话。话里话外不断地"点"他们，暗示他们要把主要的精力放在工作上，别在下面动什么歪心思，搞小团体。还会假装不经意告诉他们，自己在什么时候什么地点看到他们跟刘琦在一起低声私语了。

别说，黄经理的这一招还真是管用。几次约谈之后，那些一开始跟刘琦走得很近的员工变得收敛了很多。黄经理刚要松一口气的时候，这个新来的张颖又出现了以前的情况。通过一段时间的观察，黄经理觉得该找她谈谈了，如果让她们的同盟结成的话，局面就会变得很难掌控。于是有一次在交代完工作以后，黄经理假装随意地跟张颖说：

"张颖，虽然你来公司的时间并不是很长，但是对你的工作能力我还是比较满意的。不过呢，作为经理，有些事情我还是要提醒你一下。我们看重一个人的工作能力，但是更看重他的工作态度。所以，我希望你还是要把全部的精力都用在工作上，不要总是在办公室里搞小山头，省得被别人利用了都还不知道呢。"

这些话，被坐在张颖旁边的刘琦听得一清二楚，她当然知道黄经理说这些话的真实用意，但是黄经理又没有指名道姓地明说，她也不好多说什么。其他人更是觉得多一事不如少一事，况且同样的话在他们被"约谈"的时候早就已经听过了。于是他们都低头工作，假装自己很忙的样子。只有不了解情况的张颖听得一头雾水，只好对黄经理说：

"经理，您能说得再明白点吗？"

黄经理看了看旁边的刘琦，看见刘琦只是在低头忙自己的工作，就接着跟张颖说：

"我的意思是说，咱们办公室二十多个同事，要搞好同事关系呢，就要跟每个人都处好关系，不要总是跟某一个人走得太近了。这样对你自己也不好。话我就说到这儿了，剩下的你回头自己想想就行了。"

黄经理说完这些就回自己的办公室了，张颖还是没弄明白黄经理到底是什么意思。后来经旁边同事的提醒后，张颖觉得很不可思议，心想：这个黄经理的疑心实在是太重了！我刚来，好多业务都不熟悉，刘琦又是所有同事当中业务能力最强的，我不过是想让人家多教教我，什么时候说过他的坏话了？更别提要联合起来对付他了！简直就是无中生有的事情嘛。

其实，大家的心里又何尝不是这样想的呢？只不过在没有决定离开公司之前，这些话大家是不会当着黄经理的面说出来的。从此以后，张颖也学乖了，在公司里真的就不怎么跟刘琦接触了。但是在私下，她跟其他的同事一样，一有机会就聚在一起。大家都觉得自己的这个领导的器量也太小了，这个没有胸怀的领导，以后处处都得提防着点。但是，黄经理看到大家在办公室里的表现反而觉得心安了不少，殊不知他这时候实际上已经成为一个光杆司令了。

有一句老话，叫做"以小人之心度君子之腹"。猜疑很容易把友善曲解为别有用心，把好心当成歹意，认为闲谈是指桑骂槐，是我们生活和工作中的大忌，也是格局小的一种表现，常常会让人因小失大，甚至让自己陷入困境。

主观偏见，因为格局里只容得下自己

有位颇有成就的创业者在谈到职场人格局的时候曾说：对于职场上的人，不管是员工还是管理层的人。要想知道他的格局大小，就看他的主观偏见。主观偏见重的人，是不太可能拥有大的格局的。因为他的格局里只能容得下他自己，所以他自己就成了那个"一叶障目"的"叶"。如此，他自己的好恶就成了他判断外界人事物好和坏的标准。如果是一个员工，他表现出来的格局局限就是喜欢的工作就是好的，反之他就认为是坏的。如果他是一个管理者，他喜欢的或者是合他脾性的员工就是优秀的，反之就是不够合格的。

这位前辈说，他有不少做管理者的朋友。他总能中他们对自己下属的评定中判断出他们格局的大小。如果在谈论到自己的属下的时候，他的表述方式大致是这样的：

"小张身上有一股敢打敢拼的冲劲，做事儿果断，敢于承担后果，美中不足的是有时候考虑问题不太成熟。如果加以培养的话，将来会有不错的发展。"

如果听到的谈话是这样的，这说明这个人多半是拥有大格局的。这样的人值得一起共事，如果有机会他是愿意跟这样的人合作的。但是如果，他听到的谈话是这样的：

"小张身上最招人待见的地方就是会说话、懂礼貌，而且还特别勤快。让人感觉不舒服的地方就是有时候太好出风头，总是想尽一切办法来表现自己。如果他能够改掉这一点的话，他一定能成为一个受人欢迎的人。"

其实这两种说法本质上并没有什么不同，但是习惯于使用这种表达方式的人是在以个人的主观好恶作为评价自己的员工的标准。在格局上就显得逊色了不少，这样的人他是不太愿意跟他有过深的接触的。其实在现实当中这样的领导并不少见，他们对于公司的负面影响比员工要大很多。他们最容易因为自己好恶而形成对人才的偏见。面对两个能力相当的员工的时候，他会下意识地认为和自己的兴趣爱好、行事风格更相近的员工的能力要强于其他员工。在管理学当中，这叫做"主观偏见"。

《财富》杂志最新的消息说，非营利性智库CTI在2017年的7月上旬公布了一项研究。这个研究的主题就是，白领员工在工作中所遭受的来自管理层的主观偏见，以及由此给公司造成的损失。CTI的创始人西尔维亚·惠利特在谈到这一情况的严重性时说：

"当代公司文化以及晋升道路上常常充满羞辱和伤害。"

他们用领导对于员工的发展潜力来做例子。研究中说：所谓的发展潜力，是一种主观特质。很容易受到无意识偏见的影响。

比如说，领导者更容易在类似自己的人、甚至是同性别的人身上看到更高的发展潜力。这种明显带有主观偏见的发展潜力的评估在公司的人事决定中却会起到非常重要的作用。这种主观偏见一旦形成，会对员工和公司造成什么样的影响呢？这项研究给出的结论是：如果员工感受到自己遭遇了偏见，会有34%的员工在接下来六个月的工作中缺乏主动提供创意或者解决方案的意愿。会有48%的员工表示，他们在感受到主观偏见之后就已经开始在寻找跳槽的机会了。

当然，这还只是一些抽象的数据，我们还需要通过更加直观的故事来加深一下印象。

张玫前不久从工作了五年的公司辞职了。对于她的辞职，身边的很多朋友都表示不解。因为她所在的公司是一家规模非常大的外资公司，各项待遇都很不错。面对朋友们的不解，张玫讲述了自己在公司里的遭遇：

"在公司的这些年我丝毫感受不到一点被重视的感觉。在我的上司的眼里，我跟其他的女性员工一样，只能做一些暂时性的辅助工作而已。公司从来不会给我们任何工作的权限，更不要说升迁的机会了。"

刚进公司的时候，张玫就感觉到了这种不公。但是当时的她并不清楚这对自己来说到底意味着什么。因为她并不是一个非常强势的人，也没有太大的野心。只要能够在这家待遇还算非常不错的公司里踏踏实实地做事，不辜负自己所学她也就知足了。

可是后来的经历让她感觉，就是这么再简单不过的愿望都无法实现。她刚进公司的时候是做设计助理，然后她这个设计助理一做就是三年。这三年当中跟她同时进入公司的男同事都已经转为正式的设计师，有的还获得了晋升。而她还是一个助理。

而那些转正或者晋升的男同事的设计水平也并不比张玫高。这三年中，很多女同事选择了离开。但是张玫告诉自己要坚持。她以为只要自己表现得好点，虽然比男同事转正得晚一些，但是应该还是有希望的。一直等到后来公司又来了一批新人，她以为自己转正的机会到了。但是让她想不到的是，公司竟然让她跟这些新人一起做设计助理的工作。直到这批新人当中的那些男同事再次转正，她还依然还是一个设计助理。

这下这让张玫彻底绝望了。她只不过是想转正然后好好独立做设计，发挥自己的专长而已。但是现在看来，这也是一种奢望。没错，这家公司的待遇确实不错。她只是一个设计助理，但是待遇却不比其他小公司正牌的设计师差。但是在这个缺少了存在感和归属感的地方，这些优厚的待遇她的吸引力越来越小。于是，她想到了逃离。一旦萌生了这样的念头她就再也无法像以往那样认真工作了。

所以，做了五年设计助理的张玫最后终于下定决心辞职了。不过，在辞职的时候张玫跟自己的上司进行了一次长谈。希望公司能够对所有的女员工做一次认真的能力评估，让她们能够有一个展示自己才华的机会。

故事中我们看到只是主观偏见的一种——性别偏见。不过相对与其他的主观偏见来说，这种偏见并算不上是影响最大的。性格偏见和做事风格的偏见相对来也要严重一些。根本原因就是领导者的器量不够大，格局不够大。格局小到只能容得下自己，也就只好以自己的好恶作为标准了。有一句非常有意思的歇后语叫做：武大郎开店——个高的不要。为什么不要个高的？因为格局不够大的武大郎是以自己的身高为标准的，跟他的身高比起来那些个高的人自然就不合格要求了。虽然这话说起来有些诙谐，但是道理却是实实在在的。不管你是员工还是管理者，要想克服自己的主观偏见，首先要做的事情就是要扩大自己的格局。让你的格局里容得下更多的人和事儿。

第 三 章

纠结小处，怎能做成大事？

如果要想尽可能地减小不公平对我们的工作和生活的影响，就得先从改变自己的格局开始，从另外一个角度重新看待事情本身，从而发现自己的不足。

成大事者，不在小处纠结

如果有那么两种人，一种人做事现场拍板、马上执行、做完翻篇、既往不恋；另外一种人则坐在办公室里不停地纠结着中午到底是吃盖饭还是吃炒菜，他们有一句名言叫做：世上最难回答的问题——中午吃什么？

这样的两种人哪一种在职场上的成就会更高一些呢？哪一类人又值得拥有更好的人生呢？那当然是第一种人了，因为还有一句非常有道理的话叫做：成大事者，必不在小处纠结。当然这个成大事说的并不一定是要做成什么惊天动地、影响全人类的事情，让自己梦想成真，让自己活成自己想要的样子，给自己想要的幸福，这些对于自己来说已经算是"成大事"了，不过这个大事到底能大成什么样子，这就要看你想要什么样的成功、拥有什么样的人生了。不过，不管这件大事到底大到什么程度，只要是想要这件事情变成现实，你就不能在不相干的事情或者不相干的人身上做过多的纠结。

美国总统罗斯福曾经说过，在他执政的那段时间里，只要一遇上非常难以决断的问题，或者发现自己开始在无关紧要的问题上纠结的时候，他就会望着墙上的一幅照片对自己说："如果他处在我现在的境况当中的话，他将会如何解决这个问题呢？"照片上的这个人同样也是一位美国总统，他是罗斯福心目中的榜样，他就是亚伯拉罕·林肯。其实林肯在年轻的时候也是一个喜欢在不相干的人身上纠结的人，他不仅是被动的纠结，还常常主动招惹一些不必要的麻烦，常常因此让自己正常的工作和生活陷入困境。比如说，年轻时候的林肯特别喜欢说别人的不是，不仅仅是普通的批评，有些时候，他的评论简直就是一种讽刺，直到他遇到了自视甚高的政客詹姆士·希尔斯。

有一次，林肯写了一封匿名信对詹姆士·希尔斯进行了非常猛烈的抨击，这篇文章写得非常棒，在当时引起了非常广泛的关注。自视甚高的詹姆士·希尔斯被气得暴躁如雷，他发誓一定要让嘲弄自己的这个人付出惨重的代价。跟其他那些习惯于在报纸上写文章反击的政客不同，希尔斯有他自己更加直接的方式。在通过种种渠道查出这篇文章的作者就是林肯之后，他直接就对林肯下了要求决斗的战书。要知道，在西方，两个人一旦决定要决斗，那就是不死不休。这一刻，林肯认识到了问题的严重性，有心不接这封战书，但是迫于当时的情势，也为了维护自己的声誉，无奈之下，只好冒着生命危险接受挑战。不过，不得不说，林肯是幸运的，因为就在决斗即将开始的时候，有人站出来劝阻了他们，这才避免了一次流血事件的发生。

虽然只不过是虚惊一场，但是这件事情给林肯内心带来的震撼却是非常强烈的。这件事情之后，林肯开始反思自己过往的思想和行为，并开始改变与别人相处的方式。这之后的林肯不再写信去抨击别人，也不再动不动就对别人任意嘲弄。就连不得已的批评，他都会劝自己三思而后行，以免惹出其他不必要的麻烦来。

我们从后来的另一件事当中可以看出，林肯在处理这些事情时的态度与之前简直就是判若两人。下面这件事情发生的时候，林肯已经是美国的总统了，那是在美国的南北战争时期，林肯手下的一位将军由于没遵从林肯的命令而让敌人逃脱。这件事情被林肯知道之后，一下子就点燃了他心中的怒火，盛怒之下的林肯给这位将军写了一封措辞非常强烈的信，信中充满了强烈的不满和指责。但是，当这封信写完，准备交给手下的时候，林肯愤恨的情绪已经稍微得到了一些缓和，稍微冷静下来的林肯并没有即刻命人把信送走，而是一个人站在窗前，开始反思：

"就这么把这样一封信送到他的手里，也许并不是最好的处理方法。如果我不是坐在安静的白宫里面，而是在形势瞬息万变的战场上的话，也难保自己不会做出这样的决定来。现在事情既然已经发生了，我的这封信除了能让自己的怒气痛快地发泄出来之外，也挽回不了什么，反倒有可能让事情变得更加糟糕。"

最终，林肯的这封信并没有送到这位将军的手里，而是被林肯永远地收藏起来了，虽然他一开始非常想这么做，但是他知道这样做不仅于事无补，还有可能让这位将军在严厉的苛责和训斥面前做出更加让人难以接受的事情来。如果真是这样，那对于整个战争的格局来说，这绝对是一件愚蠢透顶的事情。也正是因为林肯后来的这种只从大处着眼，不在小处纠结的作风，才为他赢得了在美国历史上如此高的声誉，他也才能够成为罗斯福心中行事的榜样。不过我们说的这两位都是美国总统当中的杰出代表，他们成的事都是一等一的大事儿，离我们的生活还是远了一些，我们再来看一个我们的生活和工作中的小故事。

钟涛是我认识多年的朋友，前不久刚换了一份工作，在一家公司给老板做司机。这位老板和他年纪相仿，公司的规模却是不小，这让钟涛在羡慕嫉妒恨之外，还有些不平衡：大家年纪都差不多，凭什么你拥有那么大的一家公司？而自己呢？自己仅仅是这个老板的司机而已。但是，跟着这位老板一段时间之后，钟涛的心里就慢慢平静下来了，用他自己的话来说，那就是："我之前只看到了结果的不同，现在我算是明白了，天与地一样的差别其实是在生活和工作中一点一点拉开的。不要说人家的眼光和魄力咱们比不了，就是人家的那个度量咱们也是比不了的。"然后他给我讲了一个工作中的小插曲。

有一次，他开车载老板去客户那里谈合作，约的是下午两点。中午他们找了一家小餐厅吃午饭，不巧的是正赶在饭点，餐厅门口的停车位已经满了，他们就把车停到了对面一家停车场。吃完午饭，他们去开车。也许是看他们开的是"豪车"，收费的老大爷围着车转了一圈说：

"交50块钱的停车费，不然不给抬杆。"

钟涛一听这话就急了，心想："哪有这么收费的？才个把小时就要收50块钱的停车费，这也太离谱了！"一边想着一边就回了一句：

"大爷，您这不是抢钱吗？"

谁知道大爷一听，直接转身离开了，径直走进自己的小岗楼里，开始悠闲地喝着茶水，不再理会他们，也不给他们放行。钟涛正准备狂按喇叭的时候，老板制止了他，掏出50块钱，下车走到岗亭的窗口前交费，还不忘跟收费的大爷表达谢意。车开出来了，但是钟涛的心里很是不爽。

071

"凭什么呀？明明就是他自己乱收费，凭什么我们就得乖乖交钱，连质问一声都不行？还得给他道歉，这是什么道理呀？这种人就应该跟他'死磕'，实在不行，我们还可以报警，反正我们又没有错。"老板看出了他的不快，就问他：

"怎么，心里不痛快？"

"有一点，我觉得咱们没必要这样惯着他。"

钟涛没打算掩饰自己的想法。

"我们都知道他这是在乱收费，可是一个开口向别人要50块钱的人，又能成什么大事儿呢？没错，我们是可以报警，那你打算让我自己打车去客户那里吗？难道给客户解释我的司机因为50块钱跟别人抬杠上了，然后我就自己打车来了？"

老板这么一说，钟涛突然有了一种听笑话的感觉，也是呀，这么大的一个老板因为50块钱跟别人抬杠上了，听着是有些好笑。

"50块钱，在他看来已经非常可观了，所以他才会为了它耍赖，他看出来咱们是出来谈事的，时间就是金钱，就为了多要点钱跟我们耗着。但是，我们要做的事情比这要重要得多，真要抬杠起来，咱们就亏大了！"

后来，钟涛说他算是明白了为什么人家会有那么大的成就了，如果是自己的话，他绝对会为了这50块钱跟老爷子"死磕"到底，甚至不惜报警。但是老板要是也在这种小事上面纠结的话，他就不会有现在这样的成就了，如果他把时间都用在这种小事上面，他哪里还有时间去跟别人谈合作？

吃得起亏，才能容得下人

程洋每天都要去家附近的一个农贸市场，市场里最近新开了一个卖水果的摊位，老板是个四十多岁的大姐，一看就是从农村来的，大姐总是面带笑容，在摊位后面忙活着，不像其他人大老远就开始对着过往的人群大声招呼。每当别人在卖力吆喝的时候，她总是仔细地把一些不太新鲜的给挑出来放在一边，时间长了，大家都发现从她那里买的水果要比其他摊上的新鲜很多，而且从来没有出现缺斤少两的情况，倒是经常会给人抹掉零头，慢慢地，她的摊位前的顾客越来越多。

在生意越来越好的同时，她在市场上的人缘却变得越来越差。她的摊位不算大，位置也不算好，刚来的时候，同行们都没怎么在意她，再加上她的性格也好，所以开始跟大家相处得还不错。但是，眼看她不声不响，生意却一天好过一天，就招来了同行越来越多的不满。一开始同行只是在口头上发发牢骚，说几句阴阳怪气的风凉话。对于这些话，她只当自己听不见，依旧只是默默守着摊位做自己的生意，从来不加理会。也不知道从哪一天开始，程洋发现他们那一排商铺，别人家的摊位前都是收拾得干干净净的，只有这位大姐的摊位前堆着很多的菠萝皮、甘蔗皮之类的垃圾。一开始程洋还以为这是因为她家的生意好，可是后来一想也不对，她的生意就是再好也不至于比其他所有摊位的垃圾加起来还多呀。直到有一天，程洋在买水果的时候亲眼看到其他摊位的人把垃圾扫到她的摊位前。这位大姐竟然也跟程洋一样，眼看他们把垃圾扫过来也不加理会。

程洋知道这位大姐为人很好，但这大姐未免有点太好欺负了，甚至有点窝囊，就跟她说：

"他们这么做明显就是在欺负你，你怎么一句话都不说呢？"

"没事儿，在我们老家过年的时候，家里的垃圾都舍不得往外扫呢！我们都把这些看成是财富，我就当他们是给我送财富了。我这里老是有一些水果皮，大家都以为是我卖的呢，这不就等于在给我加生意吗？"

大姐一开口听不出那种忍气吞声的委屈感，倒是透着几分欣慰。这之后，程洋因为出差有大半个月没到农贸市场来，等他再次来的时候，却没有看到这位大姐，不过她的摊位前倒没有像之前那样堆满果皮垃圾。程洋在邻近摊位上买水果的时候，特意聊起这位大姐，从他们的话语中已经听不出那种排斥的感觉了，他们告诉程洋，她今天家里有事没来出摊儿。再聊起之前总是出现在那里的水果皮，这位老板不好意思地说了一句："她人挺不错的，挺能容人。"

细想之下，她的肯吃亏并不是一种无奈的被动接受，而是一种积极主动的大度，吃亏的背后是她的容人之量。也正是因为她能容人，才使得大家真正接受她这么一位"强大"的竞争对手。其实，很多道理都是相通的，生活中是这样，工作中也是这样。

同学的妹妹耿婷婷就是那一类肯吃亏、能容人的人。耿婷婷在大学的时候就是出了名的活跃分子，她的身边总是聚拢着很多的人。当年她同时带领着校园设计协会、演讲协会和文学社三个校园团体，谈起那段时间的收获，她自己说最大的收获就是学会了主动吃亏，然后身边就会有越来越多的人帮她一起来处理这些社团的事情，这也是她能同时管理三个社团而不影响自己学业的原因所在。

　　毕业以后，耿婷婷很快就被一家有名的企业录用，除了她出色的专业能力以外，企业同样看重的还有她本身处理人际关系的能力。进公司以后，由于她踏实肯干，还经常主动要求加班，很快就得到了领导的器重。仅仅经过一年时间的锻炼，她就获得了自己独立完成项目的机会，这是一般人需要花费两三年的时间才能做的事情。获得独立运作项目的机会以后，耿婷婷变得比以前更加勤奋了，不仅如此，遇事还总是先替别人着想，项目遇到难以解决的问题或者工作量太大的时候，她都是第一个承担，休息也是尽量先让着别人。后来，他们运作的项目取得了很大的成功，为公司赢得了不少的效益。总部的领导特意发邮件过来向她表示祝贺，并表示将会亲自赶来为她发放奖金。面对公司的奖励，耿婷婷回复了一封邮件，向总部提出了她的建议：

　　"我能在这么短时间内获得独立运作项目的机会，主要是因为经理给予我的指导和帮助，当然还有信任，这是这个项目成功的基础。另外，在工作的过程中，我们小组的同事同样付出了不小的努力，没有他们的协助，这个项目也不可能这么快成功。所以，最应该受到奖励的应该是我们部门的经理和项目组的同事，然后才是我。"

后来，因为这个项目的成功，耿婷婷的上司和项目组的同事都受到了奖励。从此以后，不但上司对耿婷婷的印象越来越好，项目组的同事也越来越喜欢她。部门里原来有几位同事，之前因为耿婷婷在短时间内就获得独立运作项目的机会而耿耿于怀，现在也不禁对她竖起了大拇指。

做事先做人，说的就是耿婷婷这样的人。把荣誉和奖励分给别人，这样的举动看起来像是吃了大亏，实际上彰显了自己的胸怀，从而收获了更多发展的机会，也收获了上司的赏识和同事的喜爱。

不过度纠结过失，为做大事准备

"让人不能够自拔的，除了牙齿，还有欲望。"这句话相信很多人都听说过。现在让我们把这句话稍微做一下改动："让人不能自拔的，除了牙齿和欲望，还有失去的美好。"改过之后的这句话是不是依然很有道理呢？我们来说一个生活中的小故事，也许你听完之后会觉得很熟悉，没错，这个故事就发生在我们的生活中，即便没有发生在你身上，你也听说过。

朋友家的一个小萝莉，聪明伶俐，偶尔有些小任性。都说爱美是女人的天性，这话说得真没错，就算是刚刚五岁的她都是整天臭美得不行。有一天早上起床后，经过妈妈的一番精心打扮，小萝莉变身美丽的小公主，等着幼儿园的班车来接了。这时候，小姑娘突然发现自己衣服上的扣子少了一颗，这对于非常爱美的她来说，绝对是一件天大的事情，于是就马上朝妈妈喊：

"妈妈，我衣服上最漂亮的那颗扣子不见了。"

正在换衣服准备送她出门的妈妈一听，赶紧扔下衣服跑过来看，果然是少了一颗扣子。妈妈安慰她：

"是少了一颗扣子,要不然我们换一件别的衣服去幼儿园吧?宝贝的衣柜里还有好多漂亮的衣服。"

"可是我的那颗最漂亮的扣子不见了,我最喜欢那颗扣子了。"

小姑娘依然不依不饶。见女儿不答应,妈妈只好再想别的办法:

"那妈妈再给你找一颗别的扣子缝上好不好?妈妈的盒子里还放着好多漂亮的扣子,你自己来挑一颗怎么样?"

没错,家有萝莉,妈妈确实准备了很多不同样式的扣子,随时都可使用。

"可是我的漂亮扣子不见了,我要你给我找回来。"

小姑娘依然是不依不饶,大眼睛里已经有泪珠在打转了,对于妈妈拿过来的盒子,她看都不看一眼,就是一个劲儿地闹着要原来的扣子。可是幼儿园的班车马上就到小区门口了,现在去找丢失的扣子哪里又来得及?再说了,这扣子根本就不知道啥时候丢的,是不是丢在家里了都不一定呢。

"宝贝,听妈妈说,你先换另一件漂亮的衣服去幼儿园,妈妈再找颗一样的扣子给你好不好?"

"那又不是原来的,我的扣子还是不见了。"小姑娘的眼泪已经流到了下巴上,开始冲着妈妈大喊大叫起来。

"要不宝宝先去幼儿园,妈妈给你买你最喜欢的玩具好不好?等你从幼儿园回来,妈妈还带你去游乐场。"

眼看着就要错过班车了,妈妈开始使用"大招",开始不停地许愿,对小姑娘展开利诱。哪知道小姑娘根本就不买账,什么好处都不要,就一心惦记着那颗丢失的扣子。终于，妈妈忍无可忍，打电话到幼儿园给她请了假，然后把她关进了房间就不再理会了。漂亮衣服也不买了，好玩的玩具也泡汤了，游乐场也去不成了。但是被关在房间里的小姑娘对这些损失根本就没意识，还是心心念念地惦记着那颗不知道丢在哪里的扣子。

是不是觉得孩子毕竟只是个孩子，很傻很天真呢？因为对一颗扣子的念念不忘，而让自己失去了玩具和去游乐场的机会。是不是也会觉得这样的事情只有小孩子才能做得出来，像我们这些成年人是不会做这样的傻事的？如果你真的这么想的话，我们再来看一个成年人的故事。

在周围所有人的眼里，白静算是一位高冷的大龄剩女。她之所以会成为剩女，大家都认为是她一贯走高冷范儿的原因。因为不论是在公司还是在生活圈子里，她身边都有大批的追求者，但是白静不管对谁都表现得冷冷的。再加上她过人的工作能力、修长的身段和姣好的面容，谁都会以为这是因为她的眼光太高了，根本就看不上身边的这些追求者。更有好事者传言，白静这是一心要钓个金龟婿。其中几个追求者条件确实也不差，要说金龟婿的标准的话，这当中还真有几个能够够得上的。就是这些条件和人品都不错的追求者，也没见白静对他们的追求有过什么回应。于是，就又有传言，说她有其他方面的问题。但是不管大家怎么说，白静本身都是一副事不关己的样子。

只有白静的死党小娟知道这当中的缘由。原来白静在刚刚参加工作的时候曾经谈过一次恋爱，这次恋爱，白静毫无保留地投入了自己的全部。

那时候两个人都是刚刚上班，待遇很低，也没有什么积蓄，白静就跟他一起住在地下的一间潮湿阴暗的小房间里。跟他一起吃路边的大排档，跟他一起坐公交车出去到处疯。白静的工作能力比较强，偶尔发一些奖金也会买一些男朋友喜欢的东西，自己从来不会要求对方给自己买什么礼物。对于男朋友，白静没有任何要求，只希望两个人能够永远相亲相爱，将来结婚组成一个小家庭，她甚至会想到婚后要给心爱的他生一个男孩和一个女孩。为了让这一天早点到来，白静工作特别努力。

可是，他们最后还是没能走到一起。就在白静的工作越来越顺，收入越来越高，准备在这个城市里买一个小房子共筑爱巢跟他一起天长地久的时候，那个男孩消失了，没有正式的分手，没告别，只留下一张纸条："各自安好。"更没有什么解释，就那么突然间消失了，她加班到半夜回到住的地方时才发现，他的全部东西都已经不见了。不甘心的白静辞掉了自己的工作，到处打听他的消息，但是她坚信能相守一生的那个人就像是人间蒸发了一样。

这件事情以后，白静就变成了一副高冷的模样。她重新换了一家公司，把自己完全交给了工作，不管是在公司还是在生活中，除了必要的交往之外，她从不跟男孩子有任何多余的接触。但是只有她的闺密小娟知道，白静经常在深夜或者是一个人喝醉的时候打电话给她，向她诉说自己是多么想念消失的那个人。小娟也不止一次劝她，她跟那个男人的缘分已经尽了，说不定现在人家已经结婚生子了，她应该开始自己的生活。但是白静还是固执地认为，她失去的是最合适的伴侣，再也不会有那么好的人来和自己相爱了。每当听到她这么说，小娟就觉得好气又好笑：

"难道一个不合适,所有的都不合适吗?你都不肯去接触一下,怎么就知道他们都不合适呢?"

"我就是知道,他才是最适合我的那个人,但是我已经失去了,再也找不回来了……"

对于小娟的劝说,白静每次都是这样的话,固执地沉迷于已经失去的感情当中,就是不肯迈出新的一步。眼看着身边的姐妹们一个个都组建了自己的家庭,那些追求者也都慢慢找到了自己心爱的人,她却依旧无动于衷,任由自己就这么单着。

每个人都会有失去的经历,也都经受过失去后的痛楚。比如不小心丢掉了刚发的工资,自己刚买的电脑丢在公交车上,或者是像白静那样,原本以为可以相守一生的爱情,中间遭遇了变故。这些都会在我们内心投下阴影,让我们在某段时间内备受折磨。但是有的人会在经过一段时间后重新开始,有些人却始终被失去的阴影笼罩着,无法自拔。其实,并不是失去的阴影要一直笼罩着他,而是他一直固执地纠结在已经失去的人或事当中,不肯走出来。殊不知,这样下去根本就于事无补,纠结在失去的痛苦当中,除了让自己失去更多之外,对自己、对身边的人都不会有一丁点的好处。

先付出再索取，还是先得到再付出

职场上有一种人，老板觉得他们不顾大局，每当要跟他们安排什么工作的时候，他们都在等着老板或者上司先表态。所谓的先表态，就是说他们要先看看老板或者上司能给他们什么好处，等着公司给出承诺之后，他们会把报酬和工作做一番衡量后才表明自己的态度。

去朋友的公司拜访他的时候遇到过一次比较尴尬的事情，那是一个周五的下午，我们约好下班之后一起去外地参加一个沙龙，刚好那天也没有什么事儿，我就到得早了一些。在办公室聊了一会儿之后，朋友突然想起了第二天有个重要的文件会到，需要有人核准后反馈给对方。但是第二天我们都会在外地又赶不回来。然后朋友就叫了一个员工进来，一个挺时尚的小姑娘。

"婷婷，你明天有什么别的安排吗？明天一早有一个重要的文件需要我们核准后再给对方反馈，但是我明天在外地来不及赶回来。你住的地方离公司最近，要是有时间的话，就到公司来一趟。"

这位朋友一向都不是特别强势，安排工作也是一副商量的语气，但是接下来这个小姑娘的话倒是让人很是意外：

"明天我有没有安排那就看有没有加班费了,有加班费就没有别的安排,没有加班费的话,那就有安排了。"

刚开始朋友还以为这个小姑娘是在开玩笑呢,但是看她的样子又不像是在开玩笑。想想也是,毕竟办公室里还有别人在,这时候跟老板开玩笑的可能性不是很大。再看看这位朋友,脸色瞬间就变得非常不好了,沉吟了片刻之后,他就让这个小姑娘出去了,然后又叫进来一个小伙子,这个小伙子一听这事儿,当时就说:

"本来约了几个朋友一起聚聚呢,但是老板您这事儿挺重要的,我明天就先来公司一趟,核准一个文件也用不了太长的时间。我让朋友们先到,等我把这事儿办妥了再赶过去也来得及。"

这小伙子说完,这位朋友才笑着说:

"行,一定要等对方再次确认后再离开,办完事给我回消息。对了,明天算你加班,给你一天的加班费。"

等小伙子离开办公室之后,朋友的脸色才好了一些,有些讪讪地说:

"这个小姑娘刚来没多久,还在试用期呢。"

这句话显然是在缓和刚才的尴尬局面,不宜再在这上面纠缠过多,我就把话题转移了一下:

"既然都准备给加班费了,为什么不早点告诉他们呢?"

"这根本就不是加班费的事儿。你知道我的,我对这些孩子向来都不是那么苛刻,原本也没打算让他们白跑一趟,毕竟是休息的时间嘛。但是,先办事儿再提要求,还是先提要求然后再办事儿,对于一个员工来说,这其实是很重要的。"

听完他的这些话，瞬间有一种醍醐灌顶的感觉，细想之下，确实如此。因为它反映的是一个人做事的态度，先提要求，然后再办事儿，这样的人你永远不要指望他能够把事情办周全。因为事情办不办取决于你给不给钱，把事情办到一个什么样的程度，取决于你给的报酬是多少。而且还不只是多少的问题，对于这样的人来说，把事情办成什么样取决于你给的报酬给他带来的满足感。但是满足感是一个很难衡量的东西，很多时候，老板觉得给得已经够多了，但是在员工看来，这才哪儿到哪儿呀。而且满足感也是会自动提高标准的，如果以前一直都是500元的话，这一次给了800元，他会觉得很有满足感，但是下一次要想再带给他同样的满足感的话，就得超过这个数了。

但凡是抱有这种心态的员工，一旦在工作上遇到比较大的困难，他觉得做起来很吃力的时候，就会反过来衡量公司对他的承诺，不管这种承诺高还是低，他都会觉得不值得，这时候他就会拒绝把事情做到位，开始各种敷衍。所以，在面试的时候，但凡是那种一上来就计较各种待遇而闭口不谈自己能做什么的人，面试官一般都是表示拒绝的。至于那种在面试的时候说出类似"我的能力有多强，取决于公司的待遇怎么样"的人，基本上在这句话说出口的同时，他就已经被面试官给判了"出局"了。

对于我们在这个故事中看到的这个小姑娘和后来的那个小伙子，从老板的话语中我们就可以很清晰地看到他们以后在职场上的处境了。像这个小姑娘这样的员工，即使现在还在试用期，她的试用期也不会太长久了。

这样的情况也不只是在职场上有，在感情上也同样很常见。我们经常会发现有些人明明在一起已经很久了，但是两个人的关系依旧是不温不火的，根本就没有热恋的感觉。这就很有可能是在先付出再索取，或是在得到之后再付出上出现了问题。曾经听一个身边朋友说：

"我也不是一个没心没肺的人，我也会对别人好呀，但是那得先看他对我怎么样了。他要是肯对我好的话，我自然就会对他好的。"

刚好她遇到的人和她怀揣着同样的想法，两人在一起三年的时间了，在别人的眼里，他们与其说是一对儿恋人，倒不如说是拳击场上两个势均力敌的对手。上场之后，各自已经拉开了架势，眼看着接下来就要热血沸腾了，但是两个人却开始在场上不停地转圈圈，都在等着对方先进攻，好根据对方的拳路来做出应对。担心自己吃亏，谁都不肯先出拳。结果，本来应该是一场精彩纷呈的龙虎斗，却因为他们的各怀心思，生生弄成了一场恰恰舞表演，你进我就退，你退了我再进。但是他们两个在情场上出现这样的心态，他们的结局远比赛场上还要悲剧，因为赛场还有一个裁判，他还会及时提醒双方不要一直消极防守，但是两个人的感情中间却没有这样一个人，也没有这样的规则。

三年之后，他们面临着一个更加尴尬的选择：要么就这么不温不火地走进婚姻殿堂，反正都已经到了谈婚论嫁的时候了。但是恋爱三年的感觉都这样糟糕，让他们不敢去想象结婚后又该是个什么样子。要么就干脆分手，但是已经习惯于纠结得失的两个人又觉得白白耗费了这三年

085

的时间，如果什么都得不到的话，又怎么能够甘心呢？

　　对于这样的一对儿恋人，身边的朋友都觉得，如果在这场恋爱中他们无法打破先付出还是先得到的魔咒的话，结局只能是两败俱伤，因为都在纠结于自己的得失，都不肯顾全爱情的这个大局。

低薪的"总助"和高薪职员，怎么选？

作为知名高校的应届毕业生，杨皓早早就开始了自己的应聘历程，他的学校和专业都不错，在大学期间的表现也得到了大多数用人单位的认可。经过两个星期的奔波之后，杨皓收到了心仪单位最终面试的机会。但是面试回来之后的杨皓却并没有表现出很兴奋的样子，室友还以为他没能通过最后的面试，都跑过来安慰他。面对室友们的安慰，杨皓只是轻轻地摇头，然后才跟他们说起了事情的原委。

原来，杨皓的这次面试可以说是非常成功，面试官对他各项条件都表示非常满意，不过他们在问过杨皓什么时间能够入职之后，又给杨皓出了一个选择题。面试官说，根据杨皓的目前条件，公司现在有两个职位都比较适合。

一个是公司的总经理助理，这个职位的优势是可以跟总经理在一起工作，长见识，锻炼能力。不足的地方是会比较辛苦，工作时间必须跟总经理的工作时间保持一致。也就是说，作为总经理的助理，不管是在什么时候，只要总经理有需要，必须做到随叫随到，完全没有固定的休息时间。而且是一直在总经理的眼皮子底下工作，非常不自由。最重要的是，工资待遇要比市场部职员低，一旦试用合格，三年内不能离职。另一个就是公司市场部的职位，工作时间自由，经常外出，不需要请假，一旦转正之后，绩效的佣金提成会比总经理助理高出不少。

面试官说，目前公司的这两个职位都有空缺，不管杨皓怎么选择都不会影响他的面试结果，这个选择并不是面试中的考题。也就是说公司已经决定要你了，这两个职位看你想要哪个？不管是想做总经理助理还是想去市场部，公司都欢迎你尽快入职。

听杨皓把事情的经过说完之后，本来是过来安慰他的室友们展开了激烈的争论。有的人觉得当总经理助理多好，进进出出的都是跟公司的大BOSS在一起，简直就是一人之下万人之上的感觉，这场面想想都提气。而且外出跟总经理一起有车坐，出差跟总经理一起住高档酒店。还经常会有各种宴会酒局什么的，这工作简直就像是度假嘛。都这样了，你还要自己的休息时间干什么呢？但是有人却觉得，我们刚刚毕业，两手空空的，什么都没有，衣食住行用这些都是不小的花费。可是我们已经毕业了，也不好意思再跟家里伸手了。这时候我们最需要的是什么？就是钱啊。对我们来说，这时候最重要的就是高工资。再说了，跟在领导身边看似很风光，其实在领导眼皮子底下工作一点都不轻松，一不小心有个什么疏漏，可就全部都看在领导的眼里了。而且，我们都已经工作了，也是时候该谈个对象了吧。过三年这样的日子，连个固定的休息时间都没有，很少有姑娘愿意跟你处对象的。

大家各说各的理由，一时之间，杨皓也没了主意，就找到自己的就业指导老师，向他寻求帮助。指导老师听后告诉杨皓："你跟什么样的人在一起，就会成为什么样的人。而选择跟什么样的人在一起，取决于你将来想要什么样的生活。事情各有利弊，就看你看重的是什么了。"

两天以后，杨皓到公司去报到，他选择的是总经理助理。接待他的是公司的人事部经理，也就是当初给他选择题的那个面试官。看到杨皓的这个选择，这位人事经理笑了：

"我觉得你是做了一个正确的选择，当然如果你选择去市场部的话，公司也同样表示欢迎。不过，从你进入市场部的那一天开始，你就离开了我们的关注视线。以你的能力来说，在这几年里，你可能会挣得比总经理助理多一些。虽然你现在的这个选择，会让你在紧张、辛苦当中熬过三年，不过你将会学会怎样像一位总经理一样工作，学会站在总经理的高度来看待问题，站在总经理的角度来思考、决定问题。相信这些会对你的未来有很大的帮助。"

在稍作停顿之后，这位人事经理又微笑着补充道：

"而且，每个合格的总经理助理都会自动被公司列入储备干部的培养范围之内，我们会一直密切关注你的情况。"

选择眼前的高薪水，还是选择未来更大的发展空间；选择远离领导的舒适自由，野蛮成长，还是选择在领导的监督下工作，然后让自己蜕变出更出色的自己，考验的就是一个人的格局，你的格局够大，看得够远，就能忍受眼下的低薪和辛苦。还有一个跟这个类似的选择是每一个初入职场的人所必须面临的，那就是，我们特别中意的公司给的工资却比较低，给工资高的公司偏偏又是我们不太能够看得上的。这时候怎么选？我们来看看一位职场前辈的故事。

在刚开始找工作的时候，前辈身边的朋友就劝他要找个工资待遇好一点的公司，毕竟拿到手里的真金白银才是最让人感到踏实的。至于公司怎么样，将来有什么样的发展，那些都离自己太远了。但是前辈偏偏不这么想，他宁肯工资低一些，也要找一个好的公司。相对于当下能够拿到手里的工资，他更看重公司较大的规模、正规化的体制和完备的管理系统。他觉得只有在这样的公司里，员工才能有更好的晋升空间和锻炼机会。而且公司拥有比较先进的设备和前沿的技术，对于员工自身技能的提升也有着得天独厚的优势。

怀着这样的想法，前辈接受了低于当时平均水平的工资，进入了一家他所看中的"好公司"。在公司不到两年的时间里，他从维修工做起，一步步被提拔为技术部副主任、主任、生产部车间主任、生产部经理，实现了从技术部到生产部的跨越。这期间，他不仅掌握了精湛的技术，还练就了过人的管理水平。

以前辈当时的年龄来说，成为生产部经理之后，他的职位和待遇都已经让很多人羡慕，但是让人意想不到的事情发生了，几年之后，他竟然又从某通信公司总经理的位置上，把自己的所有资历给清零了。还是一个同样的原因，宁肯放弃眼前的收入，也要进入一家好公司谋求更大的发展。

把自己归零之后的前辈以一名普通业务员的身份加入了 TCL 电器销售有限公司集团，在这之后的四年时间里，历任 TCL 电器销售有限公司郑州分公司的副总经理、TCL 电器销售有限公司市场部经理兼合肥分公司总经理、TCL 电器销售有限公司副总经理兼华东区销售总监的职务。31岁那一年,他被任命为TCL电脑科技有限责任公司总经理,成为TCL集团进军信息产业的领军人物。

他就是曾任TCL集团高级副总裁、深圳前海复星瑞哲资产管理有限公司董事长兼总裁,并于2017年8月被任命为都市丽人非执行董事的杨伟强先生,他的人生座右铭是:"挑战人生极限,跨越自我鸿沟。"

就像杨伟强先生的人生座右铭说的那样:挑战人生极限,跨越自我鸿沟。如果不是拥有这样大的人生格局,又怎么能做出从总经理的位置上把自己归零,然后从一个普通的业务员做起的事情呢?

怕丢脸？还是因为没格局

有一位热心肠的预言家，他经常帮助附近的居民解决困难，拥有非常高的名望。有一天，这位预言家预测了一下自己的命运，预测的结果显示，他只剩下三天的寿命。虽然作为一个预言家早就见惯了各种生死离别，但是这样猝不及防的噩耗还是令他既惊又悲。过后想想，这也是没办法的事情他跟邻居们的关系非常融洽，在自己离开这个世界之前总得跟他们告别一下吧。

于是，这位预言家就把自己即将离开人世的消息告诉了大家，虽然大家都不愿意接受这样的预测，但是，既然是预言家说出来的，他们也只能接受。因为这么些年来，预言家的预言从来就没有出现过差错。出于对预言家的尊敬，也是表达对预言家平时帮助大家的感谢之情，附近的民众约定在最后一晚守在预言家的屋外，准备送他最后一程。这一晚，预言家和守在屋外的民众一一告别，然后一个人走进屋子等待着死神的降临。时间一分一秒地过去了，预言家坐在窗前，心里越来越不平静。他不知道在太阳升起的那一刻，他将会以什么样的方式告别这个世界。万一太阳升起来了，可是自己还好好地活着，这时候他又该怎么办？在这种万分煎熬的心绪中，预言家吃惊地发现，屋子里面开始变亮了。外面的天空也变得越来越亮，太阳很快就要升起来了，可是自己却还是好好地在窗前坐着。瞬间的惊喜之后，他又跌入了更深的煎熬当中。预言家轻轻地跟自己说：

"是呀，天越来越亮，太阳马上就要升起来了，可是我还好好地坐在这里，我该如何去面对外面那些将我奉为神明的人呢？他们对我充满了敬佩和信任，对于我的话，他们从来都是深信不疑的。难道我要让他们知道是我的预测出错了吗？难道我要让他们以为，他们这么多年来一直深信不疑的人竟然是个骗子吗？"

焦躁不安的预言家忍不住推开了窗子，一缕柔和的阳光照射进来，守在外面的人们看到尊敬的预言家竟然奇迹般地活了下来，都忍不住开始欢呼庆祝，但是就在大家的欢呼声中，预言家把一把锋利的短剑刺进了自己的胸口。

预言家就这样在众人的注视之下，以一种意想不到的方式结束了自己的生命。他要以死来保证预言的准确性，这是多么荒唐的事情。有一句话叫做"死要面子活受罪"，为了怕自己丢脸而付出惨痛代价的事情绝对不在少数。朋友交往时是这样，因为一点点的误会，虽然都有和解的意思，但是就怕先伸手会丢了自己的面子而硬撑着，多年的交情也就随之断绝了来往。恋人之间也是这样，有时候他明明知道错了，她也明明知道他认识到自己的错误了，但是他因为怕丢了尊严而假装出一副死不悔改的样子来；她也知道他的死不悔改是装出来的，却又怕主动给他台阶会失了自己的矜持。结果好好的一对儿恋人，从此形同陌路。职场上这样的人更是数不胜数，经常听到一些朋友抱怨，现在的这些年轻人真是不得了，说不得、骂不得，明明是自己做错了事情，你还不能说，只要稍微有两句重话，他就给你甩脸子，发脾气，动不动就撂挑子走人，闹辞职。越是在事情的紧要关头，做领导的就越得压着自己的情绪，即使是下属犯了错误，即使批评是为了改进，也不能说重话。否则，他要是觉得因为这事儿你让他丢脸的话，他可是不会顾什么大局，分分钟给你撂挑子就走。

黄健是某公司的HR，在前一阵公司招人的时候，他遇上一个资质能力都不错的小伙子，名叫韩江。他对这个小伙子印象不错，希望他能在公司里有不错的表现，这样一来，自己脸上也好看一些，毕竟是自己招进来的人嘛。如果韩江以后能在公司里面独当一面了，自己将来也好说话。于是黄健特意把他安排在和自己交情不错的崔经理手下做事。崔经理在公司的部门经理中也算得上是佼佼者了，平时对自己的要求非常高，当然对下属的要求也是这样。还有一点最让黄健放心的就是崔经理跟自己一样，对有能力的人都会另眼相看，而且决不藏私，不仅会不遗余力地指点他们的工作，还会尽自己所能为他们创造机会。所以，黄健坚信把韩江安排在崔经理那里，对两个人来说都是好事儿。

黄健判断得没错，韩江在崔经理的指点下，业务能力有了不小的进步。崔经理也在私下里夸黄健眼光不错，又为自己发现一个得力助手，还说要请黄健吃饭表达谢意呢。可是这顿饭还没来得及吃，就出现了意外。这天临近下班的时候，韩江来到黄健的办公室跟他说自己要走了，黄健还以为他有什么事儿要提前下班，就没当回事儿，告诉他，有事儿就先走吧。但是说完这话,看见韩江还是站在那里没有要走的意思,就觉得事情有点不对劲儿了。黄健就让韩江坐下来,然后问他到底发生了什么事情。韩江说他是来和黄健告别的,他不准备在公司干了。这让黄健觉得有些不可思议,韩江辞职,这应该不是崔经理的意思,崔经理对这小伙子的表现一直都挺满意的,还一再说要重点培养他呢。结果,韩江说是他自己的意思,他没办法继续在公司待下去了。细问之下,黄健才知道是怎么回事儿。原来,崔经理对韩江最近的表现非常满意,就有意想磨炼一下他,就让他单独负责一个难度比较大的项目。接到任务之后,韩江也确实非常努力,但是毕竟他来公司的时间不太长,在工作经验上还是有些欠缺,工作的进展没能达到崔经理的要求。崔经理是一个对什么事情都采取高标准要求的人,不管是对自己还是对别人。另外,他也是有些恨铁不成钢的意思,今天检查工作的时候就当着众人的面批评了韩江几句。结果韩江就觉得崔经理让自己在同事的面前丢了面子,所以就来找黄健告别来了,手里还拿着辞职信。

跟黄健一样,对这件事感到意外的还有韩江的上司崔经理。黄健给他说这事儿的时候,他也是一副不可思议的表情:

"没错,我是批评了他几句,他这次的表现确实让我很意外。我觉得以他的能力来说,他没理由把工作做成这样的。不过我是真的没想到就因为这个他竟然要辞职,他现在手上的项目可是非常重要的,我要是看不上他,怎么会把这么重要的项目交给他?再说了,咱们哪一个不是这样成长起来的?哪有领导批评两句就闹辞职的道理呀?"

事后,黄健又做了韩江的思想工作,要他再考虑一下,甚至跟他说,如果不愿意在现在这个部门工作的话，可以考虑给他换个岗位。但是韩江还是觉得自己丢了面子，坚决要求辞职。最后在韩江临走之前，黄健拍着他的肩膀对他说：

"我以朋友的身份跟你说一句，以后想要有更大发展的话，就不要把面子看得太重。想要做出一些成绩来，就得先把自己的格局放大一些。希望你在找下一份工作之前能想明白这一点。"

滴滴总裁柳青在谈到自己对团队的期待的时候，她提到的第一点要求就是希望自己的团队要有"心力"，就是希望自己的下属能够放下自己的"玻璃心"，换一个铁的、钢的。用她的原话说就是："在营销团队和市场团队，我一直很苛责的，他们递过来的初级产品基本都被我打回原形，从来都是讲不好，很少去鼓励。我们一定要突破，在品牌上做突破，在营销上做突破，不能再被人看做是很LOW的品牌，不能只跟补贴在一起。"

柳青是这样，蚂蚁金服的首席执行官彭蕾的观点也是如此。用彭蕾的话来说，一个合格人才，他身上一定要有一个特别重要的特质，那就是一定要够"皮实"。可以想象，像韩江这样的员工就算是资质再好、能力再强，如果不能打开自己的格局，不能丢弃他的玻璃心的话，在面对像他们两位这样的领导的时候，是不可能有一点机会的。他们都担心他因为领导的几句批评就置公司的大局于不顾，在关键的时刻撂挑子走人。

患得患失不如果断出击

还记得我们小时候就读过的那个《兄弟争雁》的故事吗？故事当中的兄弟俩闲来无事去打猎，突然看见天空飞过一只大雁，哥哥立即张弓搭箭，一边瞄准一边说：

"看我把它射下来，拿回家咱们炖了吃。"

在旁边的弟弟一听哥哥这话，赶紧一把将哥哥拦住，说道：

"你说的炖着吃的那是家里养的大鹅，像这种飞在天空里的大雁炖着吃简直是太浪费了，那味道肯定不如烤着吃好吃。"

哥哥还是坚持要炖着吃，弟弟坚决要烤着吃。兄弟两个争来争去，谁也没办法说服谁，只好找来村里最德高望重的长者，请他来给评理。长者听完这兄弟俩的话，沉吟了一会儿说：

"既然一个非要炖了吃不可，一个坚持要烤着吃，那不如炖一半烤一半好了。"

兄弟两个一听，觉得这方法果然好。一人一半，想怎么吃就怎么吃，迅速达成一致后，两个人再往天空看去，大雁早就飞得连影子都找不到了。

每当听到这个故事的时候，我们都会觉得这哥俩简直是傻到家了。

事情还没做，就只顾着无休止地争论，白白浪费掉了大好的机会。其实，在我们的内心里也同样住着这样的兄弟。住在我们心里的这两个小人儿，一个叫得，一个叫失，每当机会来到面前的时候，这兄弟俩就开始争论了。一个说赶紧做吧，这件事儿要是做成了就会带来莫大的好处。另外一个也不甘示弱，说千万不要莽撞，万一失败了，损失可是非常惨重。如果他们一直争执不下，那我们在机会面前就会表现得患得患失，要么就是让机会在我们犹豫不决的时候悄悄溜走，要么就会因为摇摆不定而做出错误的选择。我们之所以会犹豫，就是因为我们太纠结得失，总要把方方面面的事情都考虑清楚才肯付诸行动。既想要成功后的成果，又害怕承担失败后的责任。但是格局大的人就不会是这样。

李开复先生曾经讲过一个自己的故事，他说他刚到苹果公司任职的时候，曾经管理过一个团队，当时老板特别看重这个项目，这个项目的经理还是老板的朋友。但是经过一年多的开发，李开复感觉到这个项目的实际效果是非常糟糕的，根本就没有再继续做下去的意义。但是真的要解散这么一个团队的话，对于李开复来说，风险和压力都是很大的。第一，这是老板看好的项目。第二，项目的经理还是老板的朋友。还有一点就是，这个团队李开复已经管理了一年多的时间了，这个时候提出来要裁掉项目、解散团队，也就等于告诉别人，自己之前的工作都是没什么价值的。这事儿一旦做不好，对于李开复在公司里的负面影响将是非常大的。

但是，经过短暂的思考之后，李开复还是决定果断行动，为公司的整体利益负责，不能只顾自己的得失。因为李开复明白，也许老板会因为这件事情对自己有看法，但是对于公司来说，确实是一件非常有利的事情。决定之后，李开复迅速把这个项目和这位项目经理一起裁掉了。让李开复没有想到的是，这个项目被裁掉之后，全公司上下绝大多数的员工都没有表现出有什么不满。不仅如此，他们还告诉李开复，他们对他的这一举动表示非常认可，他们都很佩服李开复在这件事情上表现出来的勇气和魄力。就连公司的领导都没有因为这件事而责备他，反而觉得他这种勇于承认自己的错误并积极改正的做法是非常值得肯定和提倡的。

李开复之所以在面对风险和压力的时候，没有患得患失，而是能够主动出击，为公司的大局着想，做自己该做的，勇于承担，跟他自身的大格局是分不开的。他能够拥有今天这样的成就，这也是非常重要的原因之一。但是在我们的生活中，并不是每个人都能拥有这样的格局。我们往往就是因为想得太多、顾虑太多而变得摇摆不定，别人随随便便说的几句话，都让我们无法听到自己内心真正的声音，从而做出不明智的选择。

邓瑶最近又要换工作了，上次在找工作的时候就是因为听了太多的意见而做出了错误的选择，导致工作两年她都感觉非常不开心。这次辞职之前她就想好了，一定要遵从自己的意愿找一家报社做记者。这既是她大学时的专业，也是她长久以来的梦想。为了这次不再受别人的影响，她还特意在辞职之前就联系了几家意向单位。在这个过程中还遇到了之前的大学同学，她的同学现在已经是某报社里小有名气的记者了。因为同学的缘故，她进这家报社的希望还是非常大的。

一听说邓瑶又要辞职换工作，她的父母就又开始给她做工作了。他们一心想着要让邓瑶找一家事业单位，因为他们觉得事业单位的收入稳定，福利待遇也好。对于一个女孩子来说，只有在这样的单位工作，那才算是稳定。邓瑶早就想到父母会这么说了，所以对于他们的话倒也不是很在意。但是除了父母之外，邓瑶身边的朋友也都是一些喜欢做军师的人。有的朋友说她的性格比较活泼，做一些富有挑战性的工作也未尝不可。但是马上就有人表示反对，说她性格活泼不错，但是独立性不够强，一个记者需要拥有非常强的独立思考的能力，从这一点上来看，她做记者恐怕会不合适，别到时候记者没做好，反倒连她平时的这点爱好都给弄丢了。还有人说，爱好也好，性格也好，这些都是一些软条件。想做一个记者，那需要很棒的身体条件，经常来回奔波、昼夜颠倒不说，时不时地还得跑到一些危险的地方进行明察暗访，这根本就不是一个女孩子能够承受的。到时候万一出点什么事儿的话，该怎么办呢？

最后这句话，一下子就让邓瑶想起爸妈说的那些话了，本来坚定无比的邓瑶现在就又变得有些犹豫了。几天后，在报社工作的同学打来了电话，对方听她在电话里说话支支吾吾的，知道她又开始犹豫了，就让她考虑清楚了再做决定，然后就挂断了电话。邓瑶就再也没有勇气把电话打过去了。

犹豫再三之后，邓瑶还是听从了父母的建议，找了一家事业单位工作不久，邓瑶就感到了之前那种熟悉的压抑感，总觉得这样的工作根本就不是自己想要的。她又想起了自己的记者梦，不甘心自己的才华就这样被埋没。可是现在再想这些，也只能是让自己徒增烦恼。

格局太小才会跟"不公平"赌气

"不公平"这三个字几乎在所有失利者的口中都能够听到,我们可以从它出现的频率来判断说这个话的人遭遇下一次失利的概率。一个不管面临多大的失利都闭口不肯说出这三个字的人,他继续遭遇失利的概率是非常低的。因为在绝大多数人发泄因为眼前的失利而带来的负面情绪的时候,他们却在做认真的自我反思,从而自发开启自我完善模式,下次遭遇不利的概率当然就会降低。那些一开始遭遇失利,心生怨念,宣泄之后却能冷静下来重新打量整个事件,对自己进行反思和提升的人,他们继续遭受失利的概率也不会太高。最怕的就是不管事情过去多久,都只会说"不公平",索性跟"不公平"赌气的人,这种人就是我们常说的"破罐子破摔"的那种人,文雅一点的叫法是自暴自弃。想想看,就连自己都把自己给放弃了,谁有办法帮他躲开下一次失败的袭击呢?

张松在单位是属于那种被"雪藏"起来的人,在别人抱怨多苦多累的时候,他却有大把的休闲时间,不仅不用加班,甚至中间外出都没人过问。只要早晚打卡的时候不耽误,其余的时间爱干什么就干什么。所幸,他所在的是一个事业单位,虽然有一定的业绩考核标准,不过少干活少出错，不干活就不会出错。只要不出错，他就不会有被辞退的危险，但是更好的发展和晋升的机会那肯定是谈不上了。只要他还在这个单位，他只能让大好的青春时光在这种百无聊赖的工作中虚度。这就是那些被雪藏的人的命运。

这对张松来说，绝对是一种能够让他痛苦到极致的惩罚。他也是怀着对未来的无限美好憧憬进入这家单位的，浑身有使不完的力气，他发誓要在这个平凡的岗位上做出不平凡的业绩来。不幸的是，就因为自己的这种天不怕地不怕的冲劲儿让他落得最终被雪藏的下场。原来刚进单位的时候，张松不管什么事情都抢着去做，可是毕竟还是年轻，在经验上有些欠缺，虽然对工作抱有无限的热情，还是有几件比较重要的事情砸在他的手里。刚好张松的顶头上司是那种谨小慎微的人，他不求有功，但求无过。他对张松这种行事过于莽撞，没有多少"本领"却喜欢到处抢别人风头的人很是看不惯。再则，他在这个位置上的年头已经不短了，按照资历来算，只要他能在这段时间内不出现工作的失误，下一个晋升的人就该轮到他了。在这样的关键时期，他就更容不得张松这样的"惹事精"了。但是又不能在没有什么原则性错误的时候将张松从编制中除名，只能利用手中的权力把他边缘化，这并不是一件多么困难的事情。

这下，张松可就算是彻底被剥夺了干活的权利了。别人都在加班加点奔向美好前程的时候，他却只剩下作为局外人进行观摩的份儿了。这让怀有满腔抱负的张松感到无比的煎熬。面对这种明显不公平的待遇，他也曾有过短时间的愤懑和抱怨，也有过既然不肯让我干活，那我刚好落得清闲自在的想法，甚至一度动过"此处不留爷，自有留爷处"的念头。

可是想想自己来单位的初衷，他就慢慢冷静下来。冷静下来的张松开始反思自己身上一切不足的地方，他决定先从自己身上开始改变。于是，被雪藏之后的张松索性把自己变成了一个勤杂工，主动帮一些能力出众忙得不可开交的同事做一些力所能及的小事，同时也虚心向他们学习。而那些同事在接受张松帮助之后出于回报也会经常对他指点一二。在这同时，张松还利用空闲的时间给自己充电。在三年的雪藏期内，在同事们的指导下，张松不仅业务能力有了不小的进步，还获得了这个领域非常重要的几个资格证书。

三年以后，原来的好些同事都被单位做了重新安排，自己的那位顶头上司也因为资格老得到了提升，新换了一位实干型的领导。这时候张松的办事能力和专业水准已经是同事当中的佼佼者了，再加上自己一直保持着对工作的热情，很快就被新来的领导看重，迅速成为单位的绝对核心人物。想起自己在长达三年的雪藏期中的成长和收获，张松觉得幸亏自己没有选择一味地抱怨和沉沦，更没有在赌气之下自暴自弃，要不然在这位冲劲十足的实干型新领导面前，十有八九会被他赶出局的。

虽然张松在遭遇不公平时曾经有过短暂的抱怨和不满，但是好在他很快就摆正了心态并及时放低了自己的姿态，所以才会在经过漫长的三年雪藏之后实现了逆袭，如果这三年他一直都在跟当初遭遇的不公平赌气的话，现在的结局可能大不一样了。

生活中这种类似的不公平还有很多，比如说在工作上受到歧视，自己的观点或者建议遭到上司的刻意忽视，工作上的相关信息被自己的上司刻意隐瞒，或者是遭遇各种办公室政治。再如生活中，有些东西从我们出生的那一刻起就是不公平的，家境、天赋甚至长相，这些在一开始就不可能是完全一样的。很多时候，我们经过不懈努力所取得的成就不过是别人的起跑线而已。就像润米咨询的董事长刘润老师说的那样："你的顿悟，可能就是别人的基本功。"这种种的不公平都会导致我们的负面情绪，从而阻碍我们的工作态度，甚至是面对生活的态度。有一句话叫做："困扰我们的不是事情本身，而是我们对事情的看法。"这句话我们可以从两个方面进行解读：一方面呢就是本不公平的待遇在客观上对我们造成的困扰，例如因为遭遇不公平的待遇导致我们某次晋升的失败，这就会在客观上对我们的收入和生活水平造成一系列的困扰。另一个方面说的就是我们的内心，因不公平的待遇激发的负面情绪。如果要想尽可能地减小不公平对我们的工作和生活的影响，就得先从改变自己的格局开始，从另外一个角度重新看待事情本身，从而发现自己的不足。把内心的改变延伸至行动的改变，直至境遇的改变。能否实现这种改变，看的就是一个人格局的大小。

第四章
做事先做人,情绪靠边站

就像那些在竞技场上的英雄一样,他们能够拥有稳定的高水平表现,靠的就是对自己的情绪的超强控制能力。

懂得控制情绪的人都是高手

我们先来讲一个高手的故事,这位高手就是台湾的"经营之神"王永庆先生。这个故事的名字叫做《格局修炼:当骨干前来辞职》,这是宁向东教授的清华管理学课当中的一个重要专题。这个故事讲的是30年前,那时候的台塑还远远没有如今的这种地位。有一天,台塑集团一个特别重要位置上的负责人向王永庆提出辞职,这让王永庆感到非常意外。鉴于公司的实际情况,王永庆没有批准他的辞职。但是,让王永庆更加意外的是,第一次辞职不成功,这位下属很快就提出了第二、第三次的辞职申请。而且在他第三次提出申请之前,为了彻底断绝自己后路,不给王永庆的挽留留下丝毫回转的空间,竟然在辞职还没有成功的情况下,就先跟对方签订了工作合同,把人家的定金都收了。

我们中国人什么事情都讲究再一再二,不能再三,对方一连三次要求辞职,而且一次比一次态度坚决,这让王永庆认识到了问题的严重性。面对王永庆的询问,他的这位下属也相当坦诚,他说之所以辞职就是要到另外一家公司去做一把手,既是为了拥有更大的决策权,同时也是因为能够有更好的收入,"那边的收入让我无法拒绝"。他还告诉王永庆,他已经收了人家的定金了，不能如期上任就算是违约，这个名声要是传出去的话，他的职场生涯就算是走到头了。这其实就等于是告诉王永庆，不用再做任何努力试图去挽留他了，王永庆现在能做的就是顺利批准他的辞职，除非王永庆真的想彻底毁掉这位下属。

被自己最器重的下属给逼到了墙角，无路可退，王永庆还是很平静，让他坐下来好好谈谈。让这位下属没想到的是，他们谈话的内容并不是要如何挽留他，而是给他做新公司上任之前的职前培训。在这次谈话中，王永庆谈了他对这家公司的了解和看法，深入地分析了他们之前在经营上的得与失，并告诉他面对这种情况的最佳解决办法。王永庆几乎是毫无保留地倾囊相授，真说得上是"扶上马，再送一程"了。最后，王永庆真诚地对这位下属说："既然已成定局，就要把事情做好。按我们今天讨论的方法，你应该可以把这个企业搞好的。记住，你是台塑出来的人，一定不要给台塑丢脸。如果那边的合同期满了之后，你还愿意回来，我随时欢迎。"

因为谈的时间太长，王永庆发现谈完之后已经过了午餐的时间，为了不让自己的这位昔日下属挨饿，他还特意告诉食堂给下属重新准备了午餐。

在讲完这个故事之后，宁向东教授说，他在听这个故事的时候最大的不解就是：在这位下属一再请求辞职并说明情况之后，难道王永庆就不会感到生气吗？如果把这件事情放在其他人的身上，一位在公司核心位置上的负责人跑过来跟你说要辞职，而且还是非批准不可，因为他已经签完了合同，也收了人家的钱了，面对这样的情况，恐怕很多人都要被气得跳着脚骂人了，甚至会一直耗到这样的下属身败名裂，就像我们经常说的：你不仁，就不要怪我不义。

那么又是什么样的力量让王永庆做出这样的处理决定呢？是隐忍的力量吗？是不是王永庆先生一开始就具备这种隐忍的力量呢？也不尽然，宁教授又把问题转回到了王永庆身上。在对他之前的很多案例都进行分析之后，宁教授发现王永庆在一开始面对这种情况的时候也曾经骂过，但是后来慢慢就学会了忍，再到后来他就已经不觉得自己是在忍了。而这时候，他就已经是一个具有大格局的人了，这样的人离成为各自领域的高手就已经不远了。当一个人不觉得自己是在忍的时候，他就具备了用格局控制情绪的能力了。任何事情都有自身客观发展的逻辑，我们如果经常对它们横加干涉，就会导致各种意外的发生。在情绪的影响下，我们就会对事情的本来逻辑视而不见。只有在我们控制住情绪干扰的时候，才能清晰看见并顺应事物发展的本来逻辑，这彰显出来的就是高手应该有的大格局。

我们再说说另外一位高手的故事，这个故事是关于马云先生的。我们都知道，马云先生一向都是快人快语，嘴皮子上的功夫很是了得，可是在前几年阿里巴巴准备收购雅虎的时候，他的每次公开露面都会遭到记者对这一问题的追问。但是关于这方面的信息关系到很多机密，实在是不方便聊得过多，但是不说又有违自己的习惯。

于是，马云就在出席某次淘宝商城媒体恳谈会之前在自己的手上写下了四五个"忍"字。果不其然，恳谈会刚一开始就有记者就雅虎事件的传闻展开了追问。而对于媒体的一再追问，平时一贯口若悬河的马云只是再三对在场的记者表示，涉及雅虎的事情现在还不好表态，希望大家能够理解。现场的媒体记者注意到一个有意思的细节就是，马云在记者的强力追问之下，有好几次低头看写在手上的"忍"字。

马云先生的这一做法又和另外一位高手有很大的相似之处，这就是我们的民族英雄林则徐，据说林则徐在刚刚走上仕途的时候，脾气非常暴躁，一言不合就大发雷霆，只要对下属的工作汇报不满意或是下属提出来的建议不合他的心意，经常是话还没有说完就遭到了他的大声呵斥，他有时候甚至还会采取严厉的手段，对下属进行处罚。可是，往往等事情过去之后，又觉得自己对下属的责罚太过了。为了控制自己的脾气，林则徐没少在这方面费脑子，但是效果都不是很好。后来，他听从了师爷的建议，每天早上都在自己的手上写一个"忍"字，每当想要发脾气的时候，他就抬起手来看看这个"忍"字，以此来提醒自己一定要克制情绪，保持冷静。林则徐每天要处理的事情非常多，并不是每次都能想起这一招，这样过了一段时间之后，林则徐惊喜地发现，就算是偶尔会忘记看手上的字，自己也能及时压制住心中的怒火，以至于到后来，在手上写字已经完全可以省去了。因为这时候，林则徐的格局已经够大了，控制自己的情绪已经成为一种本能，即使是遇上什么事情，潜意识当中他已经在忍的时候，也完全感觉不到忍的痛苦了。

当然，这种情绪的控制不只是针对怒气而言，它包括所有能够对我们的理智产生影响，让我们无法看清事物发展本来逻辑的情感因素。

拥有大格局的人，不会因为生气而丧失理智，同样也不会因为过于兴奋而迷失自己，也不会因为过多的抱怨而让自己陷入自怨自艾的泥潭，更不会因过大的压力而影响自己的发挥。就像那些在竞技场上的英雄一样，他们能够拥有稳定的高水平表现，靠的就是对自己的情绪的超强控制能力。

有格局靠理性，没格局靠好恶

选择是我们人生永恒的话题，纵观我们的一生，我们每时每刻都在面临着各种各样的选择。升学需要选学校，到了学校需要选专业。临近毕业的时候我们需要选工作，找到了工作还得选住所。衣食住行用，没有哪一样是不需要我们去选择的。其中最大的选择莫过于对工作的选择了，有句话说得好，叫做"男怕入错行，女怕嫁错郎"。尤其是讲究男女平等的当下，怕入错行、选错公司的已经不只是男人了，女人也不例外。但是说起来，每个人在面临选择时的标准却也是不尽相同，但是总的来分，大致可以分为两种。有的人在选择时，他是靠自己的理智来分析、思考的，在做出决定之前通常会审视自身，先想明白自己想要什么，接着把自己目前的可选项和它们各自的利弊都写下来，然后仔细分析哪种选择对自己今后的发展更为有利。就算是当下的这些选项当中没有自己特别中意的，也会根据自己的情况选择一个相对合适的，为自己将来更好的发展铺路。

当然，有靠理智清楚自己选择的，就有在选择的时候不加考虑的。这类不依靠理智来选择的，他们在选择的时候其实是没有什么标准的。

如果非要说有什么标准不可的话，那这个标准就是自己的好恶，在几个选项当中凭感觉随便选一个自己喜欢的。这类人一般会有两种表现：一种是找工作就像是逛超市，漫无目的地一路走一路看，不选合适的，只选喜欢的。还有一种常见的表现是不选能力承受范围之内，而只选看起来高大上的。这样的选择也同样是一种不理智。即使他选择了他认为最好的，也没有能力去驾驭，到头来也只能是两手空空，就像那个流行的段子里说的那样：

一个应届生到一家公司去应聘，老板问他对自己的第一份工作在待遇方面有什么具体的要求。应聘者想了想就说：

"工作环境要舒适、顺心，工作不能太累。不需要加班，离住的地方不要太远。工作压力也不要太大，月薪10万元，各种节假日有福利，每年公费旅游30天。"

老板听完就笑了，说：

"这样吧，我把全公司最大、最舒适的那间办公室给你用。再在离公司最近的地方给你找一间精装修的房子让你住，每周只需要工作三天，早晚还不用打卡。月薪我给你20万元，任何节假日，不分国内国外的节日，都给你1万元的大红包。每年由公司出钱让你出国旅游两个月，你看怎么样？"

应聘者一听大喜过望，盯着老板说：

"老板，您不是在跟我开玩笑吧？"

老板面色一沉，冷冷地说道：

"是你先跟我开玩笑的！"

当然，这只是一个逗人开心的段子而已，相信在真正的应聘者当中没有人会傻到向老板提出这样的要求。不过在每一年的毕业季，那些迟迟不能就业的人当中，有相当一部分人都是因为一心要找钱多活少离家近、说出去要有面子的工作才被剩下的。这样的人，如果不能彻底改变自己的这种选择标准，很大一部分人只能是在一轮一轮等待中错失机会耽误自己很多时间。

刘强是一个大四的应届毕业生，他最大的心愿就是毕业之后一定要留在大都市，他看重的就是大都市当中更多的发展机会，他知道自己的家里没什么背景，要是回到家乡的小镇上的话，根本就没有任何发展的机会。由于他大学期间选择的是一个非常冷门的专业，虽然每天都起早贪黑地跑人才市场，却一直都没有找到合适的工作，眼看着学校就要开始清退毕业生的宿舍，马上就连住的地方都没有了，他的心情也变得越来越沉重。他心里很清楚，如果再找不到工作，他困难的家庭是拿不出钱来让他在外面租房子的，到时候自己就只能是背着铺盖卷回家了。

经过一天的奔波之后，等到天黑，刘强才回到学校，来到食堂那个固定的窗口吃饭，因为这个窗口的饭菜是整个食堂当中最便宜的，所以大学四年，这几乎已经成了他吃饭的固定窗口。四年下来，刘强跟这个窗口的卖饭师傅也已经很熟悉了。这会儿在食堂吃饭的学生已经没几个人了，看到刘强一副无精打采的样子，师傅就从窗口后面走了出来跟他闲聊，了解了他的一些情况之后，这位师傅说：

"每年的这个时候都能看到很多跟你一样的学生，其实他们并不是真的找不到工作，而是自己的眼光太高了，一心只想着找那些既体面又挣钱的工作。有些能做的工作，他们却又不愿意去做。光靠自己喜欢，哪里就能找到合适的工作呢？每当看着那些喊着找不到合适的工作最后背着行李回家啃老的孩子，我就替他们的父母感到不值。

"如果你真的只是想找一份工作留在这个城市的话，你倒是可以替我在这个窗口卖饭，我刚好有别的事情要去处理。不过，这还得看你自己是不是真的跟他们不一样。我知道，让你这个读了四年大学的人站在这里卖饭，还得面对自己的老师，这确实需要很大的勇气。你可以考虑一下。"

几天之后，在窗口后面卖饭的师傅不见了，刘强站在了他的位置上。刚开始的几天，面对老师和学弟学妹们惊诧的眼光，刘强感到脸上一阵一阵地发烫。不过经过一段时间的适应，刘强也就变得非常坦然了，他的这份工作也做得非常出色。半年之后，刘强离开了那个窗口。原来那个卖饭的师傅是承包这个食堂的老板，他看到刘强踏实能干又肯吃苦，懂的东西多，头脑又灵活，就安排他负责采购去了。这位老板说，如果采购干得好的话，他在外面还有几个餐厅，可以考虑让刘强负责管理和经营。

大学毕业，哪个毕业生不想留在大城市？也没有谁不想进大公司，然后有一番大的作为。但是没有谁一开始就能够做这些所谓的"大"事的，如果不能调整自己的格局，冷静、理智地对待，而只是想当然地根据自己的好恶来做选择，最终也只能陷入大事做不了，小事又不愿意做的怪圈当中，让自己的四年所学付之东流。甚至就算是侥幸进了一个自己中意的大公司，也会因对工作的挑剔而被公司淘汰。

一位在大公司做了很多年 HR 的朋友说，每一年他们公司都会招一大批新人进来，但是每年同样都会淘汰掉他们当中的绝大部分人。有一个让人感觉到非常遗憾的事实就是，往往是那些他们当初非常看好的各方面资质都还不错的人，反而是最早被淘汰出局的。这当中一个很重要的原因就是，那些看起来各方面都优秀的孩子，在服从命令方面有着致命的缺陷。他们只做自己喜欢的事情，也只有那些他们喜欢的工作才能被出色地完成。只要分配给他们的工作不符合他们的喜好，他们要么就是敷衍了事，要么就是干脆找借口推辞，一点大局观念都没有。这样的人即使再优秀，也迟早被公司请出去。因为他们没弄明白什么是工作，工作就是做应该做的事情，而不是只做喜欢做的事情。一个不能把自己不喜欢的事情做好的员工，在上司眼里绝对算不上是一位好员工。

这个 HR 曾经说过一个被公司请出去的年轻人的事儿，这个年轻人叫邹舟，是一个各方面都拥有很大潜力的年轻人，也正是因为这样，才在毕业的时候被这家大公司选中。但是现在来公司一年了，他在工作上的表现非常不稳定，根本原因就是他做事情完全凭自己的喜好来做，如果上司给他安排的工作是他喜欢的，他就会不遗余力地去做，再加上他出众的能力，这项工作就能完成得特别出色。但是如果某一项工作安排得不合他的心意，就经常会出现拖延、敷衍了事的现象。有好几次因为他的拖延，导致接替他做下一个环节的同事无事可做，情急之下，这些同事就会一催再催，催得多了，又激起他的反感，结果弄得办公室的那些同事谁都不愿意跟他在一起搭班。上司也因为这事儿跟他谈过几次，但是他依然我行我素，丝毫看不到什么改变。公司当初之所以在试用期满之后留下他签了一年的合同，完全是看到了他身上的潜力，希望他在工作中能够有所改变。但是通过一年多时间的观察，这种希望很是渺茫。所以，在一年期满之后，公司明确表示不会再跟他续签聘用合同了。

选择工作也好，在公司做事情也好，除了能力之外，公司更看重的就是一个人的大局观，有格局的人做事情会更加理智，他的服从力就会非常强。只要是公司安排给自己的工作，他就会尽自己所能把事情做到最好，从不会因为自己的好恶而延误工作，甚至造成不良的影响，这正是一个人有格局的体现。

因格局而心静，不浮躁

"让葡萄慢慢晕开酿成芳香再醒来，有些事其实急不来；等知了蜕变归来，等蝉声夏夜散开；急不来总有些人需要再等待。慢慢来却比较快，来得快去得也快；烟火痛快到头来却空白，用忍耐种下爱等待花开。让时间慢慢晕开酿成智慧喝起来，有些事其实急不来；让挫败沉淀下来人生是延长比赛；急不来总有障碍客观存在……"每当感觉自己心浮气躁的时候，总喜欢听听这首《慢慢来会比较快》。除了旋律和声音，更能让人警醒的是它的词，总是在一遍一遍地提醒我们慢慢来会更快。如果我们真的懂得这个道理的话，就会知道，慢慢来，不仅是会更快，还会更美。可是，在这个欲望膨胀的当下，我们想要的太多。对于想要的东西，我们总是希望先品尝果实然后再付出辛劳。我们不再甘心像上一辈人那样，辛辛苦苦地付出，用汗水浇灌着希望，然后等硕果挂满枝头。我们说出名要趁早，各路小奶娃含着奶嘴蹒跚着就挤在聚光灯下。我们也说成功要趁早，还没有来得及看清商业社会到底是个什么样子，就把爷爷奶奶的棺材本、爸妈的养老钱、七大姑八大姨给的零花钱敛吧敛吧，自己就坐在了老板椅上。为了成为精英一族，过上豪车好房的好生活，我们恨不得在实习期内就把自己卖给银行。

越来越浮躁的我们脑子里想的总是能不能再快一点,我们开始寻找在两点之间比直线更近的路线。我们坚信,没有最快,只有更快。虽然我们已经一快再快了,可是我们不开心、不幸福,更不满足。因为我们在被不懂得节制的欲望拉着跟跑前行的时候,已经忘了过力所能及的生活到底是个什么滋味了。

今天一天,张欣的手机里收到了二十多条信息,她才惊恐地意识到,已经又到了月末了。没错,在微信大行其道的现在,熟悉或者不熟悉的朋友都已经不习惯再发短信联系,还能保持雷打不动定时给自己发短信的,也就剩下银行、保险公司这些催债要钱的机构了。将近午夜时分,张欣靠着顽强的意志力把自己拖回到家里,开始在电脑前盘算着:

房贷还款5800元,两辆车的按揭还款8000元,新房装修和全智能家电按揭还款4000元,各种保险4500元……

算完之后,张欣再也忍不住,瘫倒在床上。算上老公的工资和奖金,两个人的全部收入加在一起,还完了这些还剩下5000多元。两辆车要加油,要过桥过路费,两个人的生活费、水电物业费还没算,还有人情往来的应酬。好久之后,张欣缓缓地吐出一口气,她知道这个月她又得"吃土"了,这样的日子她不知道还能忍受多久,她感觉自己快要崩溃了。但是她不敢说,也不敢表现出来,她心里很清楚,处在崩溃边缘的不只是她一个人,如果她一旦表现出自己快要坚持不住了,她相信老公绝对会在她崩溃之前崩溃的。但是他们都不能崩溃,不然他们的换房计划可就彻底没戏了。

艰难的日子，看起来很不容易，但是张欣和她的老公都算得上是同龄人当中的佼佼者了，两个人刚工作没两年，车、房就都有了。这在一个二线城市来说，已经算是很不错了。但是现在张欣也不知道怎么就把好好的日子过成了现在这个样子了。现在张欣经常说的一句话就是，真怀念那些恋爱的日子，那时候两个人都是名牌大学毕业，拿着还算丰厚的收入，没买车，没买房，两个人住在高档公寓里，有钟点工给定期打扫卫生，基本不在家里吃饭，想泡吧就泡吧，想K歌就K歌。周末带父母爬山、划船，小长假一起出去旅游，顺便在各种免税店疯狂扫货。那时候，偶尔在家里做饭享受的是一种情调。吃完饭之后两个人窝在沙发上看看电视，什么都不用担心。现在想想，张欣总会在恍惚之间觉得，那其实是别人的生活，只是她听过的一个故事或者是做过的一个梦，因为那种浪漫温馨的生活离现在的她简直是太远了。

这一切改变都是从结婚时开始的。张欣跟她的老公两个人还是挺般配的：学历相当，收入相当，长相相当，家境也相当。双方的父母都算不上是大富大贵，但是老人自给自足还是没问题的，最起码不会给他们添累赘。婚后两个人要过独立的生活，这完全不是问题。选择一个中高档的小区，按揭了一套一百二十多平方米的房子，按揭了一辆三十多万元的车。当时老人都劝说他们不要太着急，两个人刚上班，没有什么积蓄，不要一下子给自己这么大的压力。虽然办完这些基本上就已经两手空空了，但是在他们眼里这都不叫事儿。花了不少钱是没错，但是他们能挣啊。这些每月按揭的钱还不到他们收入的三分之一呢。然后就是新家的布置了，装修、家具、家电，一切都是高标准，所有能按揭的都按揭，不能按揭的老人帮忙。不怕，等挣钱了再还给他们就是了。

他们之所以这么想，也不是完全没有道理的。果然，没过多久，张欣的老公就获得了升职，这让他们的心里就更有底了。不过，职位变了之后，交往的人也就变了，各种消费就不是原来的那个档次了。张欣的老公在升职之后，原来的那辆车在同事们的好车面前越看越觉得不顺眼。于是，小两口一商量，为了将来能够获得更好的发展，有些投资还是非常有必要的，然后就又按揭了一辆比原来那辆更显档次的车。

这次不能再让老人帮忙了，于是他们就开始向工作要效益。张欣的老公在单位尽力争取出差的机会，拼尽自己最大的努力去获取更好的业绩。张欣也不敢松懈，把自己所有的时间和精力都用在了第二、第三职业上。朋友聚会时没时间去了，实在推不掉的就来个礼到人不到，后来慢慢地变成人不到礼也不到了。回双方父母家的时间也没有了，小两口安慰老人，趁着年轻，他们想多做点事情。两个人的休闲生活也没有了，就连见面的时间都越来越少了。两个人就像是这个家里的两个过客，老公不是出差就是加班，一个月也回来不了几次。对于这点，张欣并不在意，因为虽然她每天都会回来，但是基本上也都是在子夜时分。

这还不是变化的全部，张欣发现以前特别喜欢上高档餐厅的老公，现在竟然喜欢上了泡面的味道。偶尔在家里待上一天，他宁肯吃泡面也不愿意点外卖。有几条内裤都已经破了，还一再叮嘱张欣不能随便扔掉。不仅如此，他还开始评价张欣的化妆品了，动不动就说，越是贵的化妆品，里面的化学物质的含量就越高，经常使用会致癌的。其实，张欣心里都明白，知道他的压力不会比自己的压力小。终于，张欣找到了一个放松的机会，因为自己出色的工作表现，公司奖励她两张出国旅游的机票。要知道，当年他们俩可是骨灰级的驴友，最喜欢的就是到处旅游了。可是，当张欣把这个好消息告诉老公的时候，他一脸的不情愿让她很是意外。好不容易在张欣的软磨硬泡之下，他才答应打电话回公司先把工作安排一下。可是电话打完就火急火燎地告诉张欣，公司里有特别重要的事情需要他马上去一趟外地，然后匆匆忙忙地开始收拾东西，几分钟后就拉着箱子出门了。后来张欣才知道，他打电话回公司其实是为了主动要求出差。因为在这时候的他看来，两个人的旅游费用绝对是一笔不小的开销，万一再购物什么的，那就更难以承担了。

  张欣经常在想，如果当初听一听老人的建议就好了，懂得节制自己的欲望，懂得过量力而行的日子，也许现在他们的生活就会是另外一个样子。她感觉他们两个现在的状态不像是一起过日子的两口子，而像是两个冒冒失失闯进敌营的傻大兵，面对敌人的层层围困，他们只能选择并肩战斗，不过，这是一场让人看不到希望的战斗，虽然他们都在咬牙坚持着，可是两个人心里都明白，他们没有突围的希望，力竭而败只是时间的问题。

娇气和任性是一根藤上的两个瓜

做人做事最怕的就是"骄""娇"二字，第一种一般都是指一些拥有不错的能力，或者在某方面具有某些得天独厚优势的人，这样的人由于在能力或者资源上的各种优势，总是觉得自己天下第一，认为除他之外的所有人都要低他一等，根本就不把别人当回事儿，看见别人的失败，他就各种冷嘲热讽。更见不得别人的成功，在别人的成功面前更是要说一些阴阳怪气的风凉话，说什么完全是因为走了运，要不就是说是瞎猫撞见了死耗子。这样的人不管是在生活中还是在职场上，都注定不会有太大的成就。第二种人则相反，一般都是属于那种肩不能挑、手不能提的，有着跟能力极不相称的优越感，总是感觉自己才是世界的核心，其他所有的人和事都得围着他转。对于别人，他总是习惯性索取，并把这看成是一种理所应当，如果有谁让他稍有不满，那就是大逆不道。这样的人，在家里他是老大，上至爷爷奶奶、爸爸妈妈，下至弟弟妹妹，都得无条件满足他的要求。在生活中也是一样，所有朋友都被他看作免费的保姆，无论什么时候都要做到有求必应，而且还不能有任何怨言。稍有怠慢，就开始恶语相向，不惜人身攻击，最后老死不相往来。当然，公司里的那些领导对这样的人也是唯恐避之不及，如果发现自己的身边出现这样的人，只要一有机会，就会把他请出去的。

骄傲和娇气的人好像是两种截然不同的人，其实从本质上来说，这两种人出现问题的根源却是一样的，那就是他们的格局都小得可怜，小到只能容得下自己一个人。所以他们的眼里除了自己，完全看不见别人，自然也就不会顾及别人的得失与感受，就更不要提让他顾及整个团队的利益得失了。用一句话形容就是：他们都太把自己当回事儿了。

于慧越来越后悔把凌娜招进团队，在面试的时候，这个小姑娘一脸甜甜的笑容，说话声音清脆，伶牙俐齿的，看得出是个聪明的姑娘。她的形象也是非常不错的。那时候于慧就在想，这个姑娘应该是做销售的好苗子，如果她肯用心做的话，只要自己稍加培养，日后就能够成为自己的得力助手。因为做销售出身的于慧，形象是她的短板，这么多年一路走过来，因为这个原因，她都记不清自己付出了比别人多几倍的努力，才获得了今天的成绩。于慧看到凌娜的时候就在想，这小姑娘的外形、声音和口才都不错，头脑也够灵活，她在这条路上应该会比自己顺畅得多。

于是，经过几次谈话之后，于慧就毫不犹豫地把她招进了自己的团队。凌娜刚来的那个月表现得非常乖巧，会说话，嘴也甜，对身边的同事一口一个哥哥姐姐地叫着。同事们都非常喜欢这个新来的小姑娘，有什么大事小事的也都乐意帮她去做，大家都觉得毕竟她是新来的嘛，帮一帮她也是情理之中的事儿。可是时间一长，大家就感觉到不对了，怎么感觉这个小姑娘除了嘴甜会说之外什么都不会做呢？仔细想想，也不是不会做，而是她根本就不想做，一遇到什么问题，她连想都不想怎样解决，发现谁手头刚有点空就马上见缝插针地冲过去，然后就是一口一个哥哥姐姐地请求帮助，就这么软磨硬泡，直到别人答应帮忙为止。更让人感到无语的是，只要别人一答应帮忙，她就彻底撒手不管了。在她看来，反正已经把任务转手交给了下家了，就没有自己什么事儿了，他们既然已经答应帮忙，怎么完成就是他们自己的事情，跟自己没什么关系。这样时间一长，谁都不愿意再跟她搭话了，生怕一说话就被她黏住，这半天的时间就得为她服务了。

渐渐地，于慧也发现事情的苗头越来越不对。有一次，于慧安排她做一个报表给客户，结果差点就把这家老客户给得罪了。一共才两页纸的报表当中竟然出现了七八处错误。结果于慧还没来得及发脾气，凌娜就一副受了多大委屈的表情，两只大眼睛里已经满含泪水了，弄得好像于慧不近人情似的。看到凌娜这副样子，于慧以为她是认识到错误了，就没忍心再说什么。谁知道凌娜却抹着眼泪开始诉苦了，她说她已经很努力地找人帮忙了，但是大家看到她都躲得远远的，谁也不肯搭理她，言外之意就是自己并没有错，错的是那些不肯帮助自己的人。对于这一点，于慧也没有做过多的计较，而且还在有次开会的时候跟大家说，对于新来的同事，大家一定要积极地给予帮助，让她能够尽快地成长起来。会后就有老员工找到于慧，跟她反映凌娜的情况。于慧听完心里感觉一凉，心想：如果凌娜自己不能改变她的这种状态的话，她恐怕在公司里也待不了多长时间。

可是，还没等于慧腾出时间来跟凌娜好好谈谈呢，凌娜就又给她惹来了麻烦。原来，凌娜在接待一位客户的时候，由于自己的业务不够熟练，对产品的介绍也是不清不楚的，客户听了半天实在听不下去了，就问她能不能换一位销售来给他讲解。谁知道这一句话就惹得凌娜不高兴——自己很尽心了，客户还挑三拣四——索性把客户一个人晾在一边。其他的同事因为她之前的种种表现，也都抱着多一事不如少一事的想法不肯上前。最后客户一怒之下，把投诉电话打到了总公司，事情成了现在的这个样子，就算于慧想留下凌娜也是不可能的事情了。

把别人的帮忙看成是应当应分的事情，自己的世界里只能容得下一个自己，想当然地认为别人都得围着自己转，别人就得做讨自己喜欢的事情。否则就是对方的不对。同事得处处让着自己，上司要宠着自己，就连客户，她也认为应当事事都顺着自己。这样的员工，结果只能出局。工作中如此，生活中也不会例外。如果是那种时时刻刻都把别人和团队装在心里，遇事总能够想到他人和团队，而不会太多地考虑自己的人，他在职场上又会是怎样的一种情况呢？杜清就是这样的一个人，杜清是经常会忘掉自己性别的人。当然，这也跟她的工作有关，她现在在一家软件开发公司工作，众所周知，这类公司一般都是男人的天下，用他们的话说就是"女码农"绝对是这个世界上的稀有品种。因为程序开发的工作考验的不仅仅是人的大脑承受力，对体能的要求也非常高，就像那句流行语说的那样，"把女人当做男人使，把男人当做牲口使"，这样的说法虽然有些夸张，但是在一定程度上说明了这个行业真是有几分"女人勿进"的意思。

但是如今，杜清已经是这家软件开发公司的项目经理了，对于公司给予杜清的提拔，整个部门的男同事没有人表示不服。其中一个资深员工说:"成绩都是人家一步步做出来的,这还有什么好说的?不服去挑战呀!人家敢应战,可是我们未必能赢。"三年前他们可不这么想。关于杜清,部门里一直流传着一个赌局和一个段子,原来的经理把杜清领进项目部,站在大家面前的时候,大家都愣住了,都在猜测是人事部没弄明白状况,还是经理没弄明白状况。当经理明确无误地表示站在眼前的这位叫做杜清的姑娘就是大家新来的同事的时候,并没有预想当中的热烈欢迎的掌声。因为大家都在低声讨论一件事——这位姑娘能在这样的公司、这样的岗位上坚持多久。说待不过三个月试用期的有,说待不过两个月的有,说待不过一个月的也有,竟然还有人断言这样的姑娘绝对坚持不了两个星期,因为她看起来就是那种水灵又文静的姑娘,一点都不彪悍。最后他们竟然私下设了一个赌局,就赌杜清能够在公司待多长时间。结果所有人都输了,她不仅在这个位置上待稳当了,还一待就是三年,而且成了部门的经理。

为什么杜清一个女孩子能够让他们这么服气呢?这里面还有一个段子,我们从这个段子里面可以一窥端倪。杜清刚来公司不久,那一段时间,项目开发的任务非常重要,他们经常需要加班加点地连轴转。杜清也跟着这些男同事一起加班苦干,这让经理觉得有些过意不去,毕竟再怎么说人家也是一个女孩子。然后经理就跟大家说:

"一会儿杜清可以早点回家,其他人留下来加班。"

对于经理的话,没有人表示反对,但是杜清却出人意料地问了一句:

"为什么?"

"因为你是女孩子,女孩子经常熬夜加班不好,回家太晚,我们也不放心。"

"请不要把我当女孩子看,这里只有同事和员工,没有女孩子和男孩子。"

一句话说得整个办公室笑声一片,经理也被逗乐了,继续说:

"因为你是新来的呀,这样的工作节奏你需要一个适应的过程。"

"那就请以后不要把我当成新人来看。我选择这份工作是因为我喜欢它,我相信我可以做得跟大家一样好,甚至比别人做得更好。"

杜清再一次语出惊人,这一下把所有人都给镇住了。也因此也让经理对她刮目相看。从此这件事儿就成了公司里的一个段子,一直流传到现在。"我可以做得跟大家一样好,甚至比别人做得更好",杜清是这么说的,也是这么做的。在接下来的工作中,她对自己的高标准、严要求让大家越来越佩服她了。她从来不会放过工作当中任何一个疏漏,有时候同事都觉得做到这样已经很不错了,可她偏偏就不,还是要一遍遍翻来覆去地琢磨,直到做到让自己满意为止。就是这样的一个既不骄傲又不娇气的人,现在公司要提拔她做部门经理,谁还能表示不服呢?

气定神闲才能不入对手的"局"

我们来讲一个历史上两位高手之间展开的最具喜感的智斗故事,其中一位就是被称为智慧化身的诸葛亮,多智而近妖的诸葛亮很少有失算的时候,但是当他在五丈原遇上自己的老对头司马懿的时候,他的计谋就鲜有地落空了。当时,诸葛亮倾全国之力,誓与曹魏一决高下,迎战诸葛亮的正是他的宿敌司马懿。两军在五丈原各扎营寨,形成对峙之势,诸葛亮知道拼综合国力和后勤补给他根本就没有胜算,就一心想要速战速决。聪明的司马懿当然也早就看透了这一点,就是不肯迎战。诸葛亮天天派人在阵前叫骂,司马懿就当做没听见,下定决心要耗死这位老冤家。这一耗就是一百多天过去了,诸葛亮也实在是坐不住了,无奈之下,诸葛亮只得出了个狠招,派一名胆大的使者带着一套鲜艳的女人衣服和一封战书来见司马懿。并告诉司马懿,你要还是不敢跟我交战的话,就请自己穿上这身女人的衣服好了。言下之意就是,你如此胆小怯战,根本就不算是个爷们儿。

司马懿帐下的将军们一看使者带来的竟然是女人的衣服,而且还对自己的主帅这般侮辱,一个个气得七窍生烟。但是司马懿却并不当真,

而是当着自己的下属和这位使者的面欢天喜地地把这套女人的衣服穿在身上,还不忘问身边的众人:

"我穿这身衣服是不是非常合身呢?"

不仅如此,还命人好生款待这位前来送衣服的使者,一顿吃喝之后,还一再地让使者回去之后别忘了转达自己对诸葛亮的谢意。还不住地对诸葛亮的饮食起居表示关怀,问他吃得怎么样?工作累不累?身体可好?这位使者倒也是实诚,见人家如此关心自家丞相,也不忘借此机会表达对丞相的敬仰之情,恭敬地回答:

"我家丞相最是勤勉不过,不论大小事情都要亲自过问,每天要处理的事情可多了,经常忙得连饭都吃不上,身体一直都不太好。"

司马懿也对诸葛亮表达了敬佩之意,跟使者说:

"回去转告你们丞相,要他千万不要过度劳累,一定要注意保养身体,我们在五丈原的日子还长着呢。"

诸葛亮听完使者回来之后的汇报,心里顿时就堵成了一个疙瘩,知道自己的计策这次算是彻底落空了,而且司马懿还知道了自己的身体状况,就更别指望能够速战速决了。心情极度郁闷之下,不久就真的病倒了。这次诸葛亮完败。

那么,面对对手送女人衣服给自己这种奇耻大辱,难道司马懿就真的不生气吗?要知道古时候的将帅可是把自己的名声看得比生命还要重要的。但是这就是司马懿的过人之处,他知道自己一旦生气就算是落入诸葛亮的算计之中了,相对于自己的名声,他更看重的是整个战争的胜败。为了能够取得战争的胜利,绝对不能小不忍而乱大谋。司马懿这种在巨大的羞辱面前还能保持气定神闲而不入对手布的局的做法，充分展现了他的格局，也赢得了这场战争的胜利。有道是说古喻今，我们讲这两位高手智斗的故事绝不仅仅是为了好玩，而是要为今天的我们在做人做事的时候树立一个标杆。因为千百年后的我们，在面对这样的事情的时候往往并不能做到这一点。

郑楠是一家大型公司的高级职员，无论是业务能力、学习能力还是勤奋程度，大家都是有目共睹的。但是他唯一的缺点就是遇事不太冷静，经常会因为情绪失控而跟别的同事产生争执。不过他在心情好的时候，和大家相处得还是不错的，经常会主动帮助同事解决工作上的困难。正因为如此，大家也不是特别排斥他，只不过在他情绪不好的时候，大家都自动远远躲开他，生怕一不小心惹恼了他，招惹不必要的麻烦。

部门原来的主管被调到别的部门去了，经理准备在部门内部再提拔一个新的主管。郑楠觉得凭资历、论能力，不管怎么样，这位新任主管的人选是非自己莫属了。但是结果出来之后就让他有些难以接受，经理的决定是先提出两位主管的人选，这两位暂时都是代理主管，分别带领一个小组开展业绩竞赛，这期间谁的表现更加出色谁就是新的部门主管。当然，一向能力不俗的郑楠也是其中的一位。但是对另外一位候选人他却很是看不上，论资历，她来公司才不到两年的时间，而自己已经为公司鞍前马后干了四年多了；论能力的话，虽然也还说得过去，但是跟自己的业绩比起来，她还是得甘拜下风。

郑楠实在是想不明白，经理为什么要做这样的安排，这明显就是要让自己难堪嘛。而这位要跟郑楠竞争的小姑娘虽然业绩和资历都不如郑楠，但是她最大的长处恰恰就是郑楠的短板。她具有超强的情绪控制能力和人际沟通能力，心眼也比较活，人缘也比郑楠要好很多。但是这次要跟郑楠开展业绩竞赛的话，她并不占多少优势。因为业绩能力跟郑楠比起来，她确实是略逊一筹。为了争取主管的位置，她有她的办法。在经理宣布这一消息的时候，她就看到郑楠满脸的不忿之色，然后她就在散会之后跟同事们说：

"这件事情来得太突然了，我都没有准备好呢。按说不管是论资排辈，还是论工作能力，都应该是非郑楠莫属的呀。我到现在也没弄明白，经理这么安排到底有什么更深的意思。我觉得自己跟郑楠差着好几条街呢，为什么不直接让他做部门主管呢？"

本来把矛头指向自己的竞争者的郑楠，听完这些话就把所有的不满都指向了经理。是呀，就连人家自己都觉得应该直接安排我做部门主管，经理凭什么做出这样的安排？他这样做简直是太偏心了。于是，第二天一大早，郑楠就急匆匆地闯进了经理的办公室：

"经理，我不明白您为什么会这么安排。您是觉得我不配做这个部门主管吗？如果您觉得我不配的话，那您告诉我谁配？林晓莹吗？她哪里比我强了？我觉得这件事儿您需要给我一个解释。"

面对郑楠连珠炮一样的质问，经理一下子愣住了，过了好一会儿才说：

"你看看你现在的这个样子，你遇到事情就这么冲动，我又怎么能够放心地把整个部门交到你的手里呢？真要是交给你，我都怕你哪天心情再不好了，把整个部门都给我搅散了。再说了，当主管要面对同级各部门和客户的沟通的，就你这脾气，到时候还不知道给我惹多少麻烦呢！"

一听经理这么严苛的批评，郑楠就更加控制不住自己的情绪了，开始不管不顾地冲经理吼道：

"这根本就不是脾气的事儿，我生气是因为我遭到了不公平的待遇。您说林晓莹懂得顾全大局，那是因为你一直都对她很照顾。你这么明显地偏袒她，她凭什么还要生气呢？"

郑楠当面说自己做事不公，经理也非常下不来台，冷冷地对郑楠说：

"这事儿公司就是这么安排的，你要是觉得不合适，你可以选择退出。我没有给你解释的必要，现在请你离开我的办公室。"

"好，既然你都让我退出了，那我就退出好了。"

说完，郑楠狠狠地一摔门就出去了，然后就真的退出了，但是退出之后的郑楠对林晓莹并没有多少敌意，他觉得这一切都是经理的错。而林晓莹却因为郑楠和经理的正面冲突而省去了代理主管的过程，直接成为部门新的主管。不久之后，郑楠因为觉得自己遭受了经理的不公平待遇而向公司递交了辞职信。

静气当先，力挽狂澜

晚清的状元宰相，同治、光绪两代帝师翁同龢有一副非常著名的对联："每逢大事有静气，不信今时无古贤。"说的就是当我们面临重大的决策或者混乱、不利的局面时，首先要做的就是要静气当先，如此才能守住自己的内心，理智看待当下的一切，不至于在惊慌失措中做出错误的决定。这里所谓的"有静气"意思就是要"站得住"，能够做到这一步的人都是有大格局之人，这样的人定当有大的作为。就像是古人的那句话"胸有激雷，而面如平湖者，可拜为上将军"，什么叫做"胸有激雷，而面如平湖"？那是一种泰山崩于前而面不改色的镇定，那是一种临危而不乱的气度。说到临危不乱，我们来看一位教科书般的榜样。

事情发生在2015年3月27日，这一天晚上，湖南卫视的《我是歌手3》的总决赛准时上演。就像所有故事上演之前都有一个很平静的开始一样，这个事情发生之前，一切都很顺利。七组演唱者依次登台演唱，然后由现场的500人评审团投票决定一位淘汰人选。就在主持人汪涵准备宣布结果的时候，问题发生了。在汪涵宣布结果之前，著名歌手、当晚的参赛者之一孙楠突然举手示意有话要说。然后镜头就转向了他，孙楠在向节目组表示谢意之后,突然宣布自己临时决定退出比赛,并表示自己是这场比赛当中年纪最大的哥哥,希望把更多的机会留给这些他最爱的弟弟妹妹。此话一出,四座皆惊,包括坐在电视机和电脑前的观众。要知道,这可是直播的赛事,这样突如其来的变故,会给节目带来什么样的影响可想而知。一时之间,其他参赛的歌手个个目瞪口呆,负责孙楠的编导当场大哭,节目的后台也是一片忙乱。很多人都在猜想,接下来该怎么收场呢?所有人都捏着一把汗。

这时候,在现场主持的汪涵以最快的速度协调好后台的工作,然后重新回到舞台。重新回到舞台的汪涵,依旧带着从容和自信开始了他的救场之旅:

"既然我是这个舞台节目的主持人,那接下来,就由我来掌控一下。

"首先,我要请导播抓紧时间给我准备一个三到五分钟的广告时间。谢谢,我待会儿要用。接下来我要说的这段话,有可能只代表我个人的观点,而不代表湖南卫视的立场。

"我从21岁进入到湖南广电,所以我觉得我的很多优点、缺点似乎都打上了湖南广电的很多烙印,包括所谓没事儿不惹事儿,事儿来了也不要怕事儿。

"对于一个节目主持人,在这么一场大型直播现场当中,一个顶尖级的歌手,一个顶梁柱一样的歌手,突然间宣布退出接下来的比赛,我想应该是摊上事儿了,甚至是摊上大事儿了。

"但是说实话,我的内心一点也不害怕,因为一个成功的节目,有两个密不可分的主体:除了舞台上的这七位歌手之外,还有电视机前的亿万观众和现场这么多观众。我之所以不害怕，是因为有你们，还真诚地、踏踏实实地坐在我的面前。我还可以从各位期待的眼神中读到你们对接下来每一位要上场的歌手，他们即将要演唱歌曲的那一分期许。我还可以从各位的姿态当中，感受到你们内心当中的那种力量。这种力量足够给楠哥、给红姐、给 the one、给李建、给维维、给黄丽玲、给彦斌，给所有的歌手，已经准备好了，会有千万个掌声要送给他们，楠哥，不信你听！"

然后汪涵把话筒稍稍侧向观众一边，现场立即爆发出一阵热烈的掌声，这掌声就是送给之前汪涵提到的那些歌手的，更是送给此刻正在力挽狂澜的汪涵的。这一刻的汪涵，值得这么热烈的掌声。然后汪涵缓缓地收回话题，说：

"这是我要说的第一层意思。

"第二层意思，我想表达的是，我虽然不同意楠哥的一些观点，但是我誓死捍卫您说话的权利。所以，我刚才从话筒里听到那一段话的时候，并没有试图打断您要说的话，虽然我可以这么做。其实每一个歌手对这个舞台，都有权利选择来或者不来，你自然也有权利选择在你认为是对的时刻，依着自己认为对的那份心情做出你要离开的决定。所以，我相信，我们应该尊重一个成熟男人在这一刻做出的决定。

"当然，我们在这里要提出一个希望和请求，希望您以一个观众的身份继续坐在这个地方，来看你最爱的弟弟妹妹们向歌王的舞台进军。我也相信我们现场 500 位大众评审，已经做好了准备用掌声来接纳这位不期而至的观众。不信您听。

"接下来，对于我个人，一个主持人不可能有这么快的反应速度，不可能有这么大的权力，来调整接下来因为楠哥的退出而要改变的比赛规则。因为有一个歌手要退出，所以比赛的规则要做出相应的改变，所以有请导播在这一刻放三到五分钟的广告。我们跟我们的制作团队，跟我们的领导一起商量，怎样进行节目上和赛制上的调整。各位观众朋友，真的千万不要走开，还是那句话，真正精彩的时刻或许从广告之后再开始。"

几分钟广告时间之后，节目组对赛制进行了一些调整，然后一切恢复如初。

这一晚被媒体戏称为"歌王之战的跑题之夜"，而力挽狂澜的汪涵凭借着自己出色的表现，一战成名，被网友封为"中国最牛主持人"。他的临危不乱，快速应变，那一段不卑不亢、话缓气硬的深情演说，不仅成为播音主持教科书般的案例，就连他的那句"没事儿惹事儿，事儿来了也不要怕事儿"更是被亿万观众奉为金句。同时，汪涵那一晚的表现也获得了很多同行的赞许。

朱丹说："汪涵哥做到了从容镇定而顾全大局，那不是主持人的功力，那是主持人的底气。"

素来以快嘴著称的华少也在微博上直言："汪涵哥，向您学习。"

董路也赞道："如果一定要给《我是歌手》排个座次，那么，冠军——汪涵。"

事情已经过了两年多的时间了，现在再来看汪涵的这次救场，我们看到的不仅是镇定、冷静，还有一个大格局的人的大写的担当。还记得他的那句话吗？"我是这个节目的主持人，那接下来，就由我来掌控一下……接下来我要说的这段话，有可能只代表我个人的观点，而不代表湖南卫视的立场。"品味这些话的言外之意，我是这个节目的主持人，现场出现的任何意外我都有责任来掌控一切。我将尽全力来救场，但是一旦有什么不妥，请记住这只是我个人的观点，不要过度解读。我是现场的主持人，我来掌控一切。我只是一个主持人，我说的话仅代表我的观点，有什么事儿，我扛着。这就是大格局，这就是大局观，这就是顾全大局。

跟着大格局，永远不迷茫

当马上要围绕着"迷茫"这个关键词来展开的时候，脑子里面浮现出来的是一本书和一部电视剧，它们有个共同的名字叫做《谁的青春不迷茫》。书和电视剧其实是一回事儿，因为电视剧也是根据刘同老师的畅销书改编的。自从它们热销、热播以来，很多人都在青春和迷茫之间悄悄画上了一个等号，并以此作为迷茫堂而皇之的理由，当自己感觉到无所适从的时候，他可以理直气壮地告诉自己，同时也是告诉别人："谁的青春不迷茫！"这个潜台词等于是"因为我迷茫，所以我还青春着"。没错，对于绝大多数人来说，目标这东西不是天生就有的。当我们还青春年少的时候，我们没有目标，没有规划，也没什么太大的格局，这时候迷茫一些也不是什么不可原谅的事情。

但是，必须说的是，除了极少数从小就有大志向的人（例如我第一章讲到的警官），我们很多人在自己的格局尚未形成之时，免不了都会有一段迷茫的时间。但是这并不能成为我们永远迷茫下去的借口。因为格局这东西虽然没能一开始就有，但还是越早培养越好。我们总不能就这么一直迷茫下去，就像那句话所说的："不在迷茫中觉醒，就在迷茫中沉沦。"谁都不会希望自己的人生在迷茫中沉沦下去。

想要不让自己再这么迷茫下去，就要学会问自己一个问题：十年后，我想成为一个什么样的人？或者这样问：十年后，我想拥有什么样的人生？等你能给出一个清晰的答案的时候，你就不会感到迷茫了。这个探寻答案的过程就是你建立自己格局的过程。需要注意的是，回答"十年后，我想成为一个什么样的人"的时候，一定要把答案落到实处。比如你不能笼统地回答说，"我要做一个伟大的人"，或者是"我要做一个善良的人"，或者是"我要做一个幸福的人"。实话实说，这种敷衍式的回答并不能给你带来什么帮助。比较靠谱的回答应该是这样的："十年后我要成为一名著名的主持人，就像何炅老师和汪涵老师那样的。"或者是："十年后我想要创办一家自己的公司，就像邻居张叔叔这样的。"就像我们看到的几个例子那样，首先你要说出十年后成为一个什么样的人，然后再在这个类型的人当中选出一个佼佼者当做楷模，通过跟这个人的对比让自己抽象的目标具体化。这位榜样既可以是一位名人，也可以是你身边让你钦佩的人。他会指导你怎样才能成为像他那样的人——以过来人的身份，这样你就可以少走很多的弯路。

总之就是，我们可以暂时迷茫，但不能永远迷茫。我们需要通过这个问题来给自己一个目标，这是自己人生的目标，所以期限一定要足够长。十年是个不错的节点，当然还可以更长。回答这个问题的时候一定要让答案落地，落到一个具体的榜样身上。这个目标越具体、越生动、诱惑力越强，对你人生所起到的指向作用就越强。不仅你的青春不迷茫，你的整个人生都可以不迷茫。

有一位女性朋友，原来在一家公司做文秘，生子后在家待了三年多，做了全职妈妈。在这三年的时间里，她一直心心念念地盼着宝宝快点长大。想着等宝宝能够上幼儿园了，自己就赶紧出来上班，毕竟这么年纪轻轻的就窝在家里，自己也觉得不舒服。但是现在等到宝宝能上幼儿园了，有大把空闲时间了，她自己却犹豫不决了，整个人陷入一种特别纠结迷茫的状态，继续待在家里觉得不甘心，但是从家庭走向社会，自己又没有足够的勇气了。

交谈当中，我问到一个问题：

"你现在想出去找工作，是想找一份什么样的工作呢？"

"无所谓呀，反正是一份工作就行了。我在家一待就是三年多，感觉自己都待傻了，与社会脱节了。现在能够找到一份工作就行了，还挑什么呢？"

这就是她现在真实的想法，就是想要一份工作，但是要一份什么样的工作，自己都不清楚。

"那你觉得自己现在能够胜任什么类型的工作呢？"

"说实话，我真的不知道我还能做什么，我心里特别没底。"

也许这就是她信心不够的原因吧，连她自己都不知道她能做什么。

"婚前你也好歹大学毕业了呢！大学也有自己的专业，怎么现在连会什么都不知道了？"

因为关系还算不错，所以我说话也是比较直接，我就是想弄明白，为什么她连自己会什么都不确定了。专业她有，工作经验也有，怎么会变得这么迷茫呢？

"我那个破专业，别提了，没什么专业技能。文秘嘛，就是给别人打个下手，端茶送水、跑跑腿啥的。刚毕业那会儿还行，年轻，体力也好，跑一天也不怎么觉得累。但是现在不行了呀，谁会要一个在家里带了几年孩子的宝妈来做文秘呀？文秘这个岗位，基本上一结婚就算是走到头了，再想工作就得改行了。"

对于她的观点，我不能表示认同。要想找到问题的根源，我们得让时间回溯到她大学刚刚开始的时候。首先，大学应该选择一个什么样的专业？这是人生对我们的第一次考问。就问问我们对自己的人生有没有什么想法，如果有，就遵照自己的内心选一个适合自己的专业；如果没有，那就赶紧想，想明白了再选。但是很显然，她那时候对自己未来的生活是没有什么想法的，并且针对这个问题她也没有认真思考，因为她选择了一个在她自己看来是"没法提的破专业"。这也不要紧，在毕业时后悔自己选错专业的人并不在少数。有很大一部分人在毕业之后所做的工作是跟自己的专业不太对口的，但是这并不妨碍他们在工作中有出色的表现。比如说，很多销售精英，他们学的并不是销售专业，有的甚至都没上过大学。

为什么选择这个专业，这是人生对我们的第二次提问，问我们对于未来的想法，又是很遗憾，这位朋友她还是没有认真思考过这个问题，因为她在毕业的时候选择了一份她自己认为是"一结婚就等于是走到头"的工作。因为从来没有认真思考过未来，从来没能对"十年后我想成为一个什么样的人？"和"十年后我想拥有什么样的生活？"这样的问题做出过明确的回答，所以她的青春一直都是迷茫的。在迷茫中度过了自己的大学生活，在迷茫中选择了一个自己不喜欢的工作，继而又在迷茫中找了一份连自己都不满意的工作。甚至在结婚、生子也是被动听家人安排的。因为如果她对这类问题做过认真思考的话，哪怕给出的答案是"我想做一个全职妈妈，相夫教子"也可以了，最起码，有了这个答案之后，她现在应该是一个幸福的女人。相夫教子就是她现在的生活状态，但是她的纠结说明，这样的生活也不是她想要的。

聊到最后，给她的建议是：与其现在这么纠结地考虑找一个什么样的工作的问题，倒不如沉下心来想想自己想要什么样的生活。这个问题什么时候考虑都不算晚，虽然青春已经在迷茫中消耗了大半，但是这个问题想明白了，人生总不至于一直这么迷茫下去。想明白这问题，然后从现在开始朝着自己想要的人生迈进，虽然现在起步是晚了一些，可能也要付出比别人多一些的努力，但是那又怕什么呢？至少接下来的路，就不会那么纠结了，因为在目标指引下的奋斗，我们痛并快乐着。所以朋友们，不管现在是什么状态，如果感到迷茫，就请认真思考并回答这个问题："十年以后，我想成为一个什么样的人？"

第五章
高调做事低调做人，有舍才有得

虽然面对不公时的隐忍也在一定程度上展现了一个人的格局，但是这种主动的取舍无疑更加高明，这样的人势必会拥有更大的格局，将来就是人生的赢家。

格局让你看见"舍"的价值所在

一说到舍得,我们通常会认为这是一种心态、一种境界,其实这应该算是一种智慧。有点像道家的无为,道家无为、不争的真谛是什么?所谓的无为,并不是一切听天由命,什么都不做,而是要做到顺势而为,顺应事物本身发展的规律,在最可为之时为可为之事。而不要想当然地胡乱作为,不要毫无章法地去做一些毫无价值的事情。就像老子在《道德经》里面说的那样,"治大国若烹小鲜"。有德的人治理一个国家靠的是得民心、顺民意,这就像做菜一样,选好了食材,备好了作料,你还得有足够的耐心。而不能胡乱搅动,胡乱搅动之下,那就只能是乱成一锅粥了。道家说的不争,也不是真的就什么都不去争取了,而是不争而争,以不争的姿态反而能够获得更多,就像我们说的舍得一样,不是要什么都放弃,而是要先舍而后得。这些都是一种更加高明的智慧。

之所以有人对有些东西会紧抓不舍,不仅仅是因为不够大方,主要是因为他的格局不够,格局不够,就会形成一种局限性,这种局限性就会让他看不到舍的价值,这个舍的价值就是舍之后我们能够得到什么。相信就算是一个并不是那么大方的人,只要他的格局够大,能够看到通过目前的这个"舍",能够换取未来更大的"得"的话,他也会欣然为之的。我们来看一个职场的故事。

楚涵风是一家集团公司的总经理,是集团董事会当中的少壮派,不仅在公司的管理层当中有着不小的影响力,还深得老总裁的器重。集团很多人都知道,老总裁一直都是把他当做接班人来培养的。但是让人意想不到的是,老总裁突然因病去世,仓促离世的老总裁没来得及对继任者做出安排。按照集团的规定,在上一任总裁没能提名继任者的情况下,新任总裁则需要在几位常务副总裁当中选举产生。楚涵风当然也是这次竞选的热门人选,除了他之外,集团的张副总裁和林副总裁的呼声也不低。对于谁能在竞选中胜出继任总裁,集团内外一时间众说纷纭,有的说论资历新任总裁肯定会是张副总裁和林副总裁当中的一位,但是究竟是谁就不好说了。有人认为,从工作能力和年龄优势上来说,楚涵风胜出的概率会更高一些。还有的人说这三位热门人选基本上就是三足鼎立的局面,这场竞选肯定会非常激烈。甚至有的同行称,这是一场没有赢家的战争。三位实力相当的总裁候选人展开角逐结局只能有两个:要么就是互不相让,争得你死我活,这样不管谁胜出都要在上任伊始就展开对其他两派势力的清除;要么就是大家分道扬镳,各自另起炉灶。不论是哪种结果,对集团公司来说都是致命的打击。

但是事情接下来的走向,却让很多人大跌眼镜。在张副总裁和林副总裁都在紧锣密鼓地为竞选做准备的时候,楚涵风的做法让他们很是意外。不只是他们,集团里的其他人也被楚涵风的举动弄得有些摸不着头脑。因为他既不在上班的时间约谈手握选票的中高层管理者,也不在工作之外的时间攒局联络感情。任凭别人怎么活动,他只是更加努力地工作,仿佛竞选只是别人的事情,他要做的就是维持好集团的日常工作,好让那些忙于竞选的人腾出更多的时间和精力来。虽然大家都弄不明白他为什么会这么做,但是既然已经这样了,大家也就把注意力转移到了张副总裁和林副总裁这两位身上,看看他们两个到底谁的实力更强一些。跟楚涵风不一样,这两位没有让大家"失望",为了能够在竞选中胜出,他们都使出了浑身的解数,几乎花费了所有的时间和精力。好在有楚涵风带着一帮人在维持集团的工作,他们并没有什么后顾之忧。

不过很快,事情的发展又一次超出了人们的意料。一连召开了几次会议,始终没有一个人的选票能够超过半数,刚开始的时候,相对于楚涵风,张副总裁和林副总裁的票数都占据明显的优势,但是实力相差无几的他们都没能达到规定的票数。没能顺利当选的张、林两位副总裁不甘心就这么失败,接下来的活动就更加卖力了。只有楚涵风还是一副置身事外的样子,尽自己的努力维持集团的日常工作。奇怪的是,再次举行选举会议的时候,大家好像看明白了什么似的。张、林两位副总裁的票数不增反降,倒是楚涵风不声不响地就把原本属于其他两位的选票吸引到自己这边来了。几次三番地较量下来,张、林两位副总裁也明白,楚涵风这种"舍己为人"、顾全大局的做法除了赢得选票之外更是赢得了人心。当选举大会再一次召开的时候,之前一直争执不下的张、林两位副总裁都把票投给了楚涵风。

原本都以为这场竞选将会是一场招招见血的生死斗,看戏的观众已经搬来了"板凳",却没有看到他们以为的"精彩"。大多数的同行都曾预测,这次人事变动会成为他们集团跨不过去的坎儿,声称这是一场没有赢家的争斗。但是因为楚涵风看起来有些傻气的"主动舍弃",这个坎儿变成了一座峰,站在峰顶上的所有人都成了赢家。楚涵风以大家意想不到的方式成为集团公司新任总裁。有人佩服他的格局和大度,敬佩他的智慧,当然也有人说"这套路玩得真深"。这之后的一次商界的酒会上,一位相识多年的朋友带着一副看穿一切的表情对楚涵风说:

"楚总裁这次竞选堪称完美。这招以退为进、赢得人心的做法跟那些四处拉票的人比起来,简直就不在一个层次。这套路不是谁都能玩得来的。"

楚涵风没有对朋友的话做任何评判,而是说出了自己当时的想法:

"如果我说我一点都不惦记总裁的位置,谁都不会相信。可能正如你所说,我的这种做法确实为我带来了一些好的影响,但是在当时的情况下,这是没有任何选择的,除非我想让集团垮掉,否则总是有人要这么做的。如果集团垮了,那你做到什么位置都已经没有任何意义了。"

什么叫做格局?这就叫做格局。在大家的目光都盯着空出来的总裁的位置的时候,他的心里还装着一件更重要的事情。他知道相对于怎么在竞选中胜出,他还有更重要的事情必须去做,大的格局让他看到了这时的这个"舍"的价值已经远远超出了个人得失的范畴。这就是大格局下的取舍,不管是"取"还是"舍",他的价值都要超出个人的得失。之所以会如此,就是因为宏大的格局能够给人以智慧,让人对取舍有更加深刻的认知。当然，要做到这一点真的不易。从张、林两位副总裁的表现来看，比起楚涵风的格局他们的格局修为显然要稍逊一筹。那位后来在酒会上跟楚涵风讨论"套路"的元英先生，他的格局也要欠一些火候，因为他的格局只让他的"取舍"停留在个人得失的"套路"层面，还不足以让他从全局观着眼，看到那些个人得失之外的价值。

舍弃眼前，你会得到未来

对于那些企业家和用人单位来说，他们都希望自己能遇到一些具有大格局的人才，这样的人才不仅是优秀的员工，还有可能跟公司结成事业共同体，成为很好的合作伙伴。那么，如何去验证这些人才格局的大小呢？有个很重要的标准就是看他在长远发展和短期利益之间的取舍。

很多人在应聘的时候都会遇到面试官各种试探，有的是出一个近在眼前的利益和一个有希望但又不确定的未来利益，让面试者自己来选择；还有的面试官会在交谈中尽可能多地谈到应聘者在上一家公司的表现；更有甚者会开出一些条件来换取应聘者原公司的秘密。这些都是精明的面试官为应聘者提前挖好的坑，他们并不担心一些优秀的人才会掉进陷阱，因为会掉进这些坑里面的人，都不会是有格局的人，这样的人就算是有一技之长，他们也舍得放弃。

迟重是一家小有名气的软件公司的工程师，这家公司这些年的效益一直不错，但是公司内的人际关系过于复杂，公司里好几个重要部门的负责人都是老板的朋友和亲戚，这让迟重很难有更大的发展空间，已经在公司工作了四年都没得到任何晋升的他准备换一份新的工作。他要去的这家公司在业内属于标杆企业，应聘者的竞争非常激烈，由于他超群的技术水平和稳重的处事风格，很顺利地就通过了之前的几轮考核。到了最终面试的环节，面试官问了一个让他没想到的问题。这位面试官先是假装不经意地跟他聊起他之前的公司，并说他们公司也一直在关注这家公司，因为他们有几个还在研发阶段的项目非常相似。聊到后来，就变得很直接了，问他能不能透露一些相关的细节，并表示这将直接影响他能否被录取，以及入职后的发展情况。这就等于是告诉迟重：你要是不给我们透露一点重要信息的话，就算是侥幸被录取了，也不会得到公司的重用。

迟重没想到，一家在业内知名度这么高的公司，它的面试官竟然会提出这样的要求，这简直就是赤裸裸的利诱，更是明目张胆的威胁。他没有直接回答面试官的问题，而是反问他：

"如果我以后从公司离开的话，你也希望我这么做吗？"

说这些话的时候，迟重没有刻意去掩饰自己脸上那种不屑的神色，面试官被迟重的反问弄得尴尬不已，冷着脸告诉迟重，现在可以离开了。就连那句听得最多的让回去等消息的话，迟重也没有听到。

结束了这场尴尬的面试，迟重心想：这次不会有任何希望了。他知道自己那句话相当于当场抽了人家耳光。闷闷不乐的迟重还没回到住处，电话就响起来了，电话是刚才那位面试官打来的，他在电话里说：

"本来面试的结果是要等到明天才公布的，但是我担心我们的误会太深，影响你对公司的好感。我知道，人要是一旦开始讨厌一家公司的话，他是没办法在这里做出出色的成绩的。

"所以，我现在要告诉你的是：公司非常欢迎你这样的人才加入。我们希望你能够尽快上岗，因为我们希望如果有一天你离开公司的话也能够像你今天反问我的那样做。"

要不要用原来公司的信息换取自己在新公司的利益？在这个问题面前，很多能力不错的人都沦陷了。当他们选择了交换结果却被面试官直接宣布出局之后，他们会感叹人心险恶，到处都是套路，他们会不遗余力地谴责面试官不够厚道。其实他们真正需要做的事情是反思一下自己做人的格局，如果格局够大的话，他们也不至于掉进这样的坑里。相反，倒很有可能因为这样的考验而让用人单位看到自己能力之外的价值。

黄少青是公司里的顶梁柱，也是元老级的员工，不仅在他们公司里声名远扬，就连他们的客户和同行也都对他非常熟悉。凡是了解他们公司的人，都知道这家公司有个叫黄少青的，能力不错，很能干。但是黄少青知道，他们公司最近一年多效益非常不好。在黄少青面前，老板没有刻意去隐瞒什么，黄少青也从来没有因此就在工作上有什么懈怠。

直到有一天，老板把所有员工都召集到一起跟大家说，现在公司正面临非常大的危机，因为之前几个大项目投资太大，现在的流动资金非常紧张，这个月的薪水已经没办法按时发放了。请大家务必体谅公司，跟公司一起渡过这个难关，毕竟大家都在公司工作这么长时间了，现在公司有困难了，大部分的人都表示愿意跟公司一起扛过这段困难时期。但还是有几个人当场就表示要辞职。对于要辞职的人，老板也没做过多的挽留，告诉他们，下个月发工资的时候会连他们这个月的工资一起发，请他们到时候再过来领。

经过老板的努力，虽然员工这几个月的工资是发下来了，但是并不能从根本上解决问题。勉强又熬了一段时间，老板不得不再次跟员工开会，说目前公司的状况不能开出平时一半的薪水了。员工一听顿时人心涣散，仅仅几天的时间，整个公司仅仅剩下几个员工，还有的是因为现在没有别的地方可去才勉强留下的，可就是留下来的那几个人也都处于半工半休的状况。只有黄少青还是跟以前一样，早来晚走，还在为公司尽着自己最大的努力。

这时候，那些同行就找上门来了，点名要挖黄少青过去。他们跟黄少青说：

"你能做到这份儿上，已经算是仁至义尽了。你是个聪明人，不相信你就看不明白。现在你们公司已经是山穷水尽了，要是换了别人，可能早就走了，你能一直陪着熬到现在，做得已经够多了。你这样耗在这里，倒不如换一个好的平台痛痛快快地做点事情。要什么样的条件，你可以随便开。"

黄少青并没有停下手里的工作，也没怎么看来的人，只是很平静地回答：

"你们挖人不能跑到人家公司里来，我们公司现在是没剩下几个人了，但是老板还没宣布倒闭呢。只要老板没说倒闭，那我就不能离开。公司好的时候，我从公司里得到了很多，包括我现在的能力。我不是天生就能成为公司的顶梁柱的，都是老板培养的我。你们平时不都说我是顶梁柱吗？我们公司就像是一间房子，只要老板不说拆，我这个柱子就不能倒。"

对方挖人没成功，但是这事儿也很快就传开了。很多公司都向黄少青抛出了橄榄枝，说如果公司倒闭的话，让他一定要去自己的公司。但是，直到最后公司倒闭，黄少青都没有去。原来，老板在无奈之下将耗费了公司大量资金的那几个项目打包卖给了一家大的集团公司，他的出让书里有一个附加条款写着，必须让黄少青出任这几个项目的负责人。后来这位老板跟自己的朋友说：

"这样的人，他不只是一个优秀员工，而且他是真朋友，值得用心结交一辈子的朋友。我知道我短时间内很难东山再起了，但是我宁肯在最后的时刻自己多受点损失，也要给他谋一个好的未来。"

不懂得舍弃繁杂，生活就会舍弃你

现在流行一种生活理念，叫做极简主义，这种理念的核心便是给自己的生活做减法，舍弃一些不必要的执念，同时也就等于是舍弃了很多不必要的烦恼与麻烦。达成这种极简主义的生活方式，有一种方法叫做断舍离，它教会我们怎么把生活中各种不必要的物品包括我们的烦恼一起扔掉，从而达到生活及内心的双重清爽。但是，生活中有很多的人只从"断舍离"当中看到了扔扔扔，于是就开始对生活中各类物品大肆清除。经过一段时间的努力之后，家里果然是清爽了好多，但是他们又陷入了另外一种困境，就像一位女士在自己的读书笔记中写的那样：

"发誓要扔掉一切想要进入自己生活的非必需品，尽力舍掉家里堆得满满当当的各色杂物，为此，我扔掉了一大包多余的护肤化妆品，把自己书架上那些好久都不曾看过的书或者已经看过的书都交给了废品回收站。三大包不经常穿的衣服也捐给了福利机构，包、鞋子、纱巾，所有看着不顺眼的东西统统扔掉。但是我的生活又发生了什么变化呢？当我在写一篇文章的时候，我想起了一个特别有意思的故事，这个故事我记得在某本书里看过，但是这本书现在已经不在书架上了。换季的时候，我想为那件红色的大衣搭配一条围巾，但是那条墨绿色的围巾也不见了。我要去参加朋友婚礼的时候，却发现竟然连一双合适的高跟鞋都找不到了。因为平时我更喜欢穿休闲的鞋子，那些高跟鞋已经被我清理掉了。然后生活又陷入了扔扔扔之后的又一次买买买，这次买的时候我没有任何心理负担，反正家里已经被清空得差不多了，有的是空间放这些东西。直到这些东西再次充满我的生活，我想我的生活可能是陷入了一个怪圈当中了。"

值得深思的是，出现这种情况的人并不在少数，之所以会如此，并不是断舍离不适合自己的生活，而是自己还没明白断舍离的真正含义。断舍离的清理，只不过是一种手段，通过这种途径所要达到的是内心的充盈。为什么扔扔扔之后还会重新买买买，就是因为内心依然空虚，格局仍未改变。生活的烦恼并不在于你现实中拥有多少物品，而是在你的内心里对多少东西还念念不忘，这种对物品的执念和迷恋才是烦恼的缘起。你的内心里有那么多的东西堵在里面，自然就无法做到专注，不能专注也就没有简单可言了，要过极简主义的生活就只能是一句空话。如果能从断舍离当中换得对其他事物的专注的话，生活自然就会简单很多。

有一位朋友，生意做得风生水起，在郊区买了一个独栋的别墅，别墅前后有不小的花园。他是一个最喜欢各种花花草草的人，他当初之所以买这里的别墅，其实就是为这个私家花园来的。为了让整个花园变得更加漂亮，他没少花费心血：托朋友到处买一些稀罕花种，配备了全套的德国绿化工具，还请了一位景观设计师来帮忙设计，一有闲暇就会带家人在这里侍弄这些花草，并时常请一些朋友在花园里小酌聚会。

一个周末的下午，他带着刚上小学的儿子在花园里忙活，夫人在屋里准备着晚上跟朋友小聚的食品，整个别墅里弥漫着温馨祥和的气氛。这时候他的手机响了，一个合作伙伴打来的，他赶忙回屋里去接电话，留下儿子一个人在花园里。七八岁正是狗都不待见的年纪，这么大的男孩子哪里又能闲得住呢？一见爸爸不在这里，小家伙就在小花园里尽情施展开了。等他接完电话重新回到花园的时候，他感觉马上就要控制不住体内的洪荒之力了。因为小家伙把花园里好几个非常别致的绿植造型按照自己的意愿重新做了修改，当然，这种改造的结果在大人看来是非常失败的。面对被糟蹋得不成样子的花园，他感觉眼睛里都快要喷出火来了。儿子一看爸爸这副模样，马上就扔下手里的工具跑到屋里找妈妈寻求庇护去了。

他的夫人是个智慧型的女人，创业之初可是他最得力的助手，在生意步入正轨之后，两人的生活重心开始转移到了孩子身上，她才在家里专心培养自己的孩子。这个聪明的女人从孩子的眼睛里看出了深深的恐惧，小家伙可能从来没有见过爸爸这样吓人的目光。她再看看脸色发青的丈夫，显然他是真的动了怒气。她让儿子在屋里反思，自己来到花园里一边收拾掉落一地的枝叶一边跟丈夫说：

"就这么一会儿的工夫就弄成了这个样子，你一定很生气吧？"

丈夫气哼哼地说：

"可不是吗？就没见过这么淘气的孩子，真恨不得狠狠地揍他一顿。"

妻子笑了，轻轻地说：

"那你刚才为什么不干脆就揍他一顿呢？"

"这不是咱们之前有过约定吗？不管发生什么事情，都不能对孩子进行体罚。"

丈夫气哼哼地说，似乎有些后悔当初的这个约定。但是妻子却不在意，依旧是轻轻地笑着：

"没错，那是你准备让我从事业回归家庭时的约定。你说让孩子健康成长才是我们最大的幸福，不能惯着他，但是也不能进行粗暴的体罚。你现在还这样想吗？跟这些花草比起来什么才重要呢？"

"那当然是儿子重要。如果不是这样想的话，我刚才肯定揍他。"

丈夫的语气缓和了不少，但还是铁青着脸。

"既然明白什么才是最重要的，那为什么不能让生活简单点呢？我们拥有最重要的幸福难道还不够吗？"

丈夫没有说话，沉默了好一会儿，突然跟妻子说：

"别收拾了，去把小家伙叫出来，这个残局他得跟我一块儿收拾。我得思考一下，看看能不能改成别的什么造型出来。"

"我会让他自己认错的，不过，你刚才真的把他吓坏了。"

妻子慢慢地走进屋里去了，丈夫的脸上又透出了慈父的祥和之情。

没错，就像这位聪明的妻子说的那样：既然明白什么才是最重要的幸福，并且现在已经拥有了这种幸福，那为什么不能让生活变得简单点呢？一旦明白了这个道理，自然也就不会为了那些花花草草大动干戈了。如果这位朋友真的在一怒之下对孩子大打出手的话，那他们的这个晚上就会变成另外一个样子了。专注于自己最想要达成的目标，化繁为简，不仅能让自己的生活变得更好，在工作当中也是这样。

朱倩刚刚硕士毕业，在一所中学当英语老师，刚刚参加工作的她对教育和英语都怀着无比的热情。她希望自己教出来的学生都是最优秀的，她总想教给孩子们更多的东西。平时在备课的时候，她也是想尽一切办法把更多教材之外的知识糅合进自己的教案当中，想以此拓宽孩子们的视野。讲课的时候更是如此，她恨不得把所有的时间都用上，常常感觉45分钟的时间根本就不够用，好多次都已经下课了，她还在不知疲倦地讲着。朱倩对自己的这种教学方法感觉非常好，她坚信有多少付出就会有多少回报，她只要这样坚持下去，学生们肯定会在考试中有不俗的表现。

很快，期中考试的时间到了，考试的结果大大出乎她的意料，她所带的两个班的英语成绩是全年级八个班当中成绩最差的。这让她感到非常痛苦，也非常不解。明明自己已经非常努力了，为什么学生的成绩不仅没有提高，反而下降了呢？百思不得其解的朱倩找到了英语年级教研组的组长，教研组组长仔细看完朱倩的教案之后跟她说：

"你有没有发现你的教学方法跟别人的不一样呢？"

"当然有，这正是我要说的地方，我尽自己最大的努力，就是要改变一成不变的教育方法，让孩子们不仅能够学到课本上的知识，同时还能了解到课本之外的东西。难道这么想有错吗？"

一说起这些，朱倩就感觉委屈得不行。

"问题就出在这里，当然也不是说你的想法就是错的。不过你有没有想过一个问题，你想给的东西太多还得占用别的，这样你就会顾不上考虑孩子们的接受能力，不管他们是不是听懂了、学会了、掌握了，你都会一直不停地往下讲。这样缺乏重点，也缺乏互动的教学方法又怎么能够提高孩子们的成绩呢？"

教研组长这么一说，朱倩也想起了一些细节，之前她没有注意，同学们找她问的问题，大部分都是课上讲过的内容，她当时还感到纳闷，为什么讲过的知识，学生都弄不明白呢？现在想想，问题还真的出在了自己身上。

从此以后，朱倩改变了自己的教学方法，先把每一节重点要掌握的知识都画出来，然后把主要精力都放在这上面，而以往那些在她看来很重要的知识，朱倩把它们列为选修的内容。如果同学们已经掌握了那种必要的重点，她再适当地补充一些拓展的知识。经过半个学期的努力，她学生在期末考试的时候，英语成绩果然提高了不少。

在大格局下重新认识薪水之外的得与失

美国幽默大师罗伯特·奥本曾经说过这样一句话："每天早上打开报纸，如果百万富翁榜上还没有自己的名字，那我就去工作。"后来这句话被演绎成了各种不同的版本，当然百万富翁的标准已经远远配不上现在各路精英的要求了。现在的版本是："每天早上打开报纸，如果福布斯排行榜上没有我的名字，那我就去上班。"当然这不过是带有鸡汤味道的幽默而已，但是它的核心指向，却是一个貌似很傻，实际上跟我们息息相关的问题，那就是：我们为什么工作？

这真是一个看起来很傻的问题，很多人都会说，上班不就是为了钱？没错，上班就是为了钱，但是，是不是只是为了钱，这关乎一个人的格局问题，它决定着一个人能否在工作中看到钱之外的东西，当然也决定着这个人将来的发展。无数的事实证明，一个只是为了钱而工作的人将来是不会有什么大出息的。这当然不是说薪水不重要，但最起码对于一个真正有格局的人来说，钱绝对不是工作当中最重要的。如果你选择一份工作只是为了一份薪水的话，那么你的职场发展就真的非常有限了，只能被一份微薄的薪水所绑定，这时候你除了这份薪水之外，就真的什么都看不见了。正所谓一叶障目，不见泰山。

夏月在一家药店已经工作好几年了，同事们都笑称她是店里的"三朝元老"，因为在夏月工作的这几年当中，店里已经换了三任店长了。有的是因为店长自身的原因自己辞职了，有的是因为工作期间表现出色被公司提升为区域经理了，现在负责他们店的就是她所经历的第三任店长。几年过去了，夏月还是一个普通的店员。如果说有什么不同的话，那就是她是这个城市所有店里资格最老的店员。这倒不是说夏月的能力有问题，同事们都知道她的能力还是非常强的，但是就是不肯轻易展现出来。为什么不肯展现自己的能力，用夏月自己的话说就是：

"不就是一份薪水吗？用得着那么拼命吗？多做了又不会多很多钱，犯不上。"

前几天，他们区域的经理曲晓霞来到店里的时候，特意抽出时间来跟夏月单独聊了聊。曲晓霞告诉夏月，店里最近可能会有人事变动。他们现在的店长已经向公司递交了辞职报告，公司那边也已经批准了，但是现在还没有合适的店长人选，问夏月是否愿意先把店里的工作抓起来。因为她知道夏月在店里工作都这么长时间了，对店里的工作早就熟悉得不得了了，只要她肯用心，店里的工作就出不了什么失误。夏月一听这话，眼睛就亮了，心想：熬了这么些年，这回终于算是熬出头了，曲晓霞到底是当初和自己一起成长起来的老关系，果然跟自己亲近，就问曲晓霞：

"管理店里的这点事儿对我来说不算什么。我的能力你也是清楚的，交给我来管，你就放心好了。不过，是不是要先给我提个店长呢？"

曲晓霞面露难色：

"这恐怕不会那么快，公司的意思是你先管一段时间看看，合适的话，我会向公司举荐的。"

"那最起码得给涨工资吧，总不能让我拿着店员的钱干着店长的活儿吧！你可是当过店长的人，知道做店长最辛苦了。干店长的活儿，可比当店员操心多了。"

夏月听到曲晓霞说原来是只让干店长的活儿，还暂时不让当店长，脸色当时就变阴了。

"你先别想那么多，先干一段时间试试呗。要是干得好，公司给你提了店长，难道还会不给你涨工资吗？放心，这个过程也不会太久的，你就当是帮我的忙了呗。"

曲晓霞知道夏月的心思，但是出于这么多年的同事关系，也想让她有个晋升的机会。谁知道夏月根本就不领情，听说公司连工资都不肯多给，就彻底没了兴趣：

"算了，算了，你们这些做领导的就别净拿好话来糊弄我了，我在公司这么多年，什么不清楚呀？你们这就是想白使唤人。如果是给你个人帮忙，那我肯定没意见，但是现在是让我给公司白出力，那就算了。你看看谁的脑袋大你就找谁好了，我还是多花时间在自己孩子身上好了。"

让夏月没想到的是，在她这里碰了个软钉子的曲晓霞竟然真的找到了一个脑袋大的"冤大头"。这位"冤大头"虽然没有夏月的资格老，但是在店里也有了两年多的工作经验了。于是，从店长离开的那一天开始，这位"冤大头"就不计付出地开始抓起了店面的管理工作，甚至比之前真正的店长都干得起劲儿。夏月实在是弄不清楚这人到底是不是傻，这种光干活不给钱的事儿他竟然干得热火朝天的，还整天一副美滋滋的样子，跟捡了多大的便宜似的。三个月之后，夏月眼里的"冤大头"被正式任命为新任店长，夏月也终于成功地把自己熬成了店里的"四朝元老"。因为曲晓霞把她们上次的谈话内容汇报给了公司的领导，夏月这个"四朝元老"的日子恐怕也过不长久了。

不难看出，夏月把自己熬成"四朝元老"都没能得到晋升，甚至就连继续再做一个普通的店员都不太可能，原因不在能力上，也不在机会上，这两样她都不缺。根本的原因就是她对待工作的态度，这种态度源于她格局太小，仅仅为了一份薪水去工作。只要公司不多给钱，她就是有能力也不肯把工作做出色，摆在面前的机会也因为自己的斤斤计较而拱手让人。格局太小只能看见钱的危害还不止于此，它的另外一个表现就是无视公司发展的大好前景，一旦遇到暂时的困难马上另找饭碗。在这样的员工身上看不到丝毫忠诚力，一旦公司给的钱不能让他们满意的话，就会对工作敷衍了事，把省下来的时间和精力用来找自己的第二职业，宁可靠兼职来换取更多的钱也不会把精力用在自己的本职工作上。尤其是互联网极度发达的当下，谋求第二职业来创收几乎已经成为一种时尚。许多员工除了自己的固定工作之外都会有一项或者几项兼职，各种微商、代理、保险、直销大行其道。这些一心二用甚至是一心多用的人，每天都忙得焦头烂额，放在本职工作上的精力却是非常有限。更有甚者，有人会因为晚上做兼职导致第二天在公司里无精打采，有的则会在工作时间偷偷回复微信上的客户信息而影响自己的本职工作，这样的人又怎么能够得到老板的肯定和认可呢？因为他们身上根本就看不到一丁点爱岗敬业和尽职尽责的影子。一个缺少了这两项特质的员工，迟早是要被公司边缘化直至最终淘汰出局的。有数据表明：一份固定的工作，只要你尽职尽责，它每年的涨幅起码要在5%；如果你能有较为出色的表现的话，那每年涨个10%是没有什么问题的；如果你愿意付出得再多一些的话，你就有可能获得晋升的机会，那你的工资涨幅就要从20%开始算了，而且这些都要比兼职更能带给你成就感，重要的是它的稳定性是所有的兼职都不能比的。

所以，从现在开始，不妨问问自己，针对你现在的这份工作，除了薪水你还看到了什么，如果答案不够正向的话，就请打开自己的格局。那些薪水之外的东西你看到越多，你将来的成就就会越大。如果你还是认为薪水比较重要，那也请记住一句话：本职工作才是最高级的兼职，把兼职的时间和精力用来做好本职工作，你的收益会更高。

格局大的人懂得舍"大"取"小"

讲一个不算是故事的故事，在某地的一个小村子里，有个看上去傻傻的孩子，村里的人对这个孩子不怎么友好，有事没事就戏弄这个孩子。这个小孩甚至分不清一块钱多还是五毛钱多，每当闲暇时就有些人找到这个在街上闲逛的孩子，在他面前放上一枚五毛的硬币和一枚一块的硬币，让他自己选。每次这个孩子都会盯着这两枚硬币看上半天，再歪着脑袋想半天，看上去好像是在尽力思考到底选哪个更合适。有时候，在这个过程中他会不自觉地把手伸向一块钱的硬币，但是都会在快要拿到的时候改变决定。也就是说，在这个游戏中，不管中间的过程多么纠结，结果无一例外，这个孩子最后都会选择那枚五毛的硬币。

终于有一次，当众人都散去之后，村里的一位老者来到孩子的面前，跟这个孩子说：

"你真的不知道这两枚硬币到底哪个更值钱一些吗？"

孩子抬头看了老者一眼，眼神里藏着和这个年龄不太相符的狡黠：

"我当然知道。但是我同样很清楚，如果我选了那枚一块的硬币，哪怕是只选了一次，他们就不会再跟我玩这个游戏了，我还要在每一次选择的过程中都表现出很纠结、很犹豫的样子,我这种很傻的表演越到位,那些聪明的大人跟我玩这个游戏的热情就越高,我就能得到更多的五毛的硬币。"

老者听完孩子的话,不由得就愣住了,他甚至都开始有点可怜孩子所说的那些"聪明的大人"了。跟这个孩子比较起来,到底谁更聪明一些呢?其实,这根本就不是一个谁更聪明一些的问题,而是关乎一个人的格局的问题。如果你觉得这个故事有些过于鸡汤化了,在现实生活中几乎就不可能发生,如果真是这样的话,不知道你有没有听过一种说法叫做"进四出六"。什么是"进四出六"?就比如说做生意,这单生意的所有利润我们看做是十份,那么最高明的选择就是自己进四份,留下的六份为出,就是要把这剩下的六份利润分给别人。这是一种看起来对自己非常不利的选择,什么事情都要让别人拿大头,而自己心甘情愿地拿小头,这不就是一种傻子的表现吗?跟上面那个永远只知道选五毛硬币的孩子又有什么区别呢?没错,他们其实是一种人,但是他们的相似之处不是傻而是都有比较大的格局。

进四出六"是义乌商人把小生意做大的基本原则,"进四出六"并不只是肯吃亏那么简单,肯吃亏是一种被动接受的隐忍,而"进四出六"讲的是自己在占据绝对优势和话语权的情景下的主动让利。这就像是在谈生意的时候提前已经谈好了合作的条件,双方都能够坦然接受,但是在生意谈成之后,其中一方又主动给对方一些好处。比如说你去买西瓜,老板的价钱很公道,别人卖一块,他也卖一块,而且他们家的西瓜质量还是不错的,这时候你就能接受这个价钱,决定就在他家买了。但是呢,等你称完了重量，结完了账，老板又从摊上拿起两条黄瓜递给你，让你尝尝鲜。再比如说，两个人一起合作做生意，两个人之间完全是平等的合作，年底分红的时候本来该是一人一半，可是你的合作伙伴坚持给你拿大头，你分六、他分四，这就是"进四出六"。

为什么说这是一种高明的智慧呢？来看几个生意场的故事，我们就会明白在当下真实的商业活动中，"进四出六"已经被运用出了怎样新的高度，而不只是主动吃亏那么简单了。相对而言，主动做到"进四出六"的人，他们布下的局会更深一些。

有一位老板以5万元的本钱起家，一直把生意做成了上亿的资产，在他的创业过程中有好多的精彩故事，但是当他聊起自己的创业历程时对外人说得最多的却是两次主动拿小头的故事。他感到非常自豪的第一次拿小头的经历，发生在很多年之前。在事业刚刚起步的时候，他带着一个十几个人的科研团队，这些人都是他从原来的国营单位带出来的一些老同事。可是在产品还处于调试阶段的时候，这个团队就出现了矛盾，团队当中的九个人因为种种原因吵闹着要离开，这样的变故让这位老板感到非常头疼，因为他是一个经营型的人才，在技术方面的了解非常有限。

但是经过几天的认真思考，他准备放这九个人离开。在这些人离开的时候，他不仅给他们发放了足额的工资，还给每个人多发了6000块钱。那个年代，6000块钱已经不是一个小数目了，因为在发完这些钱之后，公司的账面上一共也就剩下了3000多块钱。这已经不是拿小头的概念了，相比多给的那些钱，他剩下的简直就是一个可怜的零头了。他的这种举动让留下来的那些人感觉非常不可思议，但同时也看到了跟着他的希望。

在这些人离开之后，他又想尽办法从别处借来几万块钱，带着剩下的员工埋头苦干起来，经过一段时间的努力，终于成功把产品推向了市场，并取得了不错的效益。

与此同时，那离开的九个人因为他多发的那些钱而有了本钱，他们觉得再给别人打工就太委屈自己了，于是就把这些钱凑在一起成立了自己的公司，做的项目当然还是之前研究的项目，这九个人新公司的产品也在这一时间把产品投向了市场。昔日的员工拿着自己多给的钱成立一家新公司，做一样的产品跟自己竞争，这看起来像是个笑话，也有很多人说他这是养虎为患，是自作自受。但是当这位老板得知他们九个人成立新公司的时候就彻底放心了，他知道这一次是他赢了。

因为当这九个人提出要离开公司的时候，他最担心的不是钱的问题，而是他们会被别的大公司给收编了。因为这些人在技术方面的实力是非常强的，如果他们能有一个更好的平台，那将成为自己致命的威胁。他当时想，对他来说最好的情况就是这九个人能够成立自己的公司。因为他们的优势是有非常强大的技术能力，但是弱点也在于此，这九个人全部都是技术型人才，没有一个经营高手。而且，这九个人原来都是同事关系，一旦成立公司的话，势必会因分工和职位的不同产生矛盾，公司最终会怎么样，他完全可以想象。但是他们成立公司的唯一问题就是钱不够，于是他就把公司账面上绝大部分的钱都给了他们，帮助他们成立自己的公司，以此来避免他们被大公司收编的风险。后来事情的走向也跟他当初的预测差不多，这九个人果然成立了新公司，而且很快就把产品投向了市场。但是因为他们当中没有一个人懂得怎么去经营，很快就被这位老板的公司所击垮。

这位老板还有一次拿小头的经历，精彩程度不亚于第一次。第二次发生在他的事业已经做得风生水起的时候，有一位老友前来投靠，以合伙人的身份进入他的公司。但是经过一段时间的磨合，两人因性格和发展理念的不同产生的摩擦越来越多，他知道两个人已经不适合在一起了。那时候公司的资产差不多一百来万，他从中拿出70万给自己的这位朋友，并且选了一个前景最好的项目帮他成立了一家新公司。这件事情被传开之后，想合作和投资的人开始源源不断地主动找上来，他的事业又一次实现了大的跨越。

就像我们上面说的那样，在某些抉择上舍大取小是一个格局的体现，是一种更加高明的智慧，绝对不是肯吃亏这么简单，它是一种谋定而后动的主动取舍，而不是在面临不平待遇时的隐忍。虽然面对不公时的隐忍也在一定程度上展现了一个人的格局，但是这种主动的取舍无疑更加高明。这样的人势必会拥有更大的格局，将来就是人生的赢家。

心中有大局,紧抓取舍精髓

与一些职场上打拼的朋友聊天,经常会遇到各种吐槽自己上司的情况。而且很多时候,如果按照他们的逻辑去思考的话,他们说的话并不只是发泄不满那么简单。很多时候,他们说的都是实情。比如,他们经常会说自己的上司没有自己的专业能力强,他们上司的业绩没有自己出色,上司没有自己聪明,等等。这些话让人很难去反驳,因为他们说的都是事实。就算是他们不举出那么多的实例来证明,我也丝毫不会表示怀疑。这是每一个在职场上奋斗的人都会遇到的现象,不同的是有的人在面对这样的情况时只是会心一笑,然后继续不遗余力地做自己的工作;但是有的人,看见这样的情况就会心有不甘,继而满怀愤懑,时间一久,连好好工作的心情都没有了。

为什么会这样?就是因为每个人的格局不一样,看问题的高度不一样。格局大的人能看到一些站在低处的人所看不到的东西,就比如说为什么会有能力不够强甚至也不是太聪明的人被提拔为领导。因为在老板的眼里还有一个比能力强、为人聪明更重要的特质,那就是做事能够顾全大局,甚至为了大局而牺牲自己的某些利益。但凡能够做到这一点的人,即使他的能力不是那么出众,即使他不是员工之中最聪明的,他获得晋升的概率也要远远高于其他人。

张妮是一家集团公司的总经理助理,一人之下万人之上的职位很是让人羡慕,但是在这些表示羡慕的人当中,有相当一部分人除了羡慕之外还有嫉妒恨。道理很简单,因为这些羡慕嫉妒恨的人都觉得如果自己在这个位置的话,一定会表现得更加出色,觉得自己不论能力、专业水平甚至是外表形象上都比张妮出色很多。这在公司已经不是什么秘密了,因为很多人都会在公开场合谈论这个问题。当然,张妮也不止一次听到过这些议论,但是她从来都不在意,也不去辩解什么,只是微微一笑,然后继续埋头做自己的事情。但是让她没想到的是,有一次在开全体会议的时候,当着公司大大小小的领导的面,公司总裁说:

"我知道很多人经常在谈论我助理的事情,我承认大家说的都是事实。没错,她不够年轻,不够漂亮,学历也不够高,这些我在任命之前就已经知道了。但是我要说,她是我见过的最优秀的助理之一。我已经习惯她帮我处理事务了,我需要大家协助的时候,我不用考虑就会喊出她的名字。我知道,只要我交代下去,她会把我交代的事情办好。她本人的执行力强,当大家都已经下班或者休息的时候我依然能够随时得到她的帮助,只要我有这个需要。当年在公司还在初步运营的阶段,她在同一批的实习生当中都算不上是最优秀的,但是在她只是一个实习生的时候,她就做到了很多老员工都做不到的事情。那时候,公司处在上升期,很多事情都需要我亲自来处理,经常公司所有的员工下班都走了,只有我的办公室亮着灯。我很累,但是我必须把这些事情处理好,不然事情就会在我这里被卡住。那段时间，我换过好几个助理，都说受不了我的工作节奏。当我为这件事情感到头疼不已的时候，我发现下班以后公司里多了一个人，只要我不离开公司，她就不会先离开。我就开始让她帮我处理一些简单的事务，她从来不会多说什么，我交代什么，她都会默默地去做。她只是一个实习生，我问过她，别人都已经下班了，为什么她还要留下来。她说老板还在加班工作的时候，员工全部走完不合适，万一老板需要帮助，身边有人总是方便些，自己虽然刚实习，能力有限，但是不怕苦和累。从那时候起，我就知道她会是一个出色的助理。

"现在，我依然要这么说，她是一个非常出色的助理。大家都认为助理就是花瓶，年轻漂亮，会说话，在我这里，我认为自己的助理是一位非常出色的助理。我看上她身上最大的优点就是肯付出，肯为公司着想而努力地付出，在她的心中，工作不单单是挣薪水这么简单，工作是为了公司更加强大。"

稍微停顿了一下之后，这位总裁继续说，

"有一句话，请各位记住，也请大家转告自己的下属。不论你对公司做了什么，公司都会加倍地反馈给你们。"

就像这位总裁说的那样，对于身在职场的人来说，不管你对公司做了什么，公司都会加倍地反馈给你。有些时候我们自以为很聪明，总以为领导那么忙，稍微偷个懒或者偶尔敷衍一下，他们肯定不会发觉。反正领导那么忙，自己多余的付出他们也不会看见。所以就有相当一部分人开始在老板和上司面前玩各种花活，人前勤快人后偷懒，能早走一会儿就早走一会儿。但是怎么说呢，就像我们曾经听老师说过的那句话：

"别以为老师什么都看不见,要知道老师也是从学生过来的,你们玩的那点小聪明都是老师当年玩剩下的。"

同样,别以为领导什么都不知道,每个领导都是从职场当中磨炼出来的,他们心里都有一本账,他还没说什么是因为还没到那个时候。一旦时机成熟,个人对大局所有的一切都会结出该有的果实。

姜明是一家销售公司的市场专员,那天有一位客户到公司来找他们的销售经理,姜明刚好遇见,就让他在会客室等候,然后去找经理。经理一听,这是个非常难缠的客户,来回谈了好几次,都没进展。经理上午时间都安排出去了,就不太想见,就让姜明说他不在。姜明回来之后告诉这位客户,经理有事儿外出了,一时半会儿回不来,有什么事情的话,可以先告诉他,他一定会转达给经理的。听姜明这么说,这位客户也没好再说什么,过了一会儿就离开了。没承想,姜明在路过经理办公室门口的时候,竟然发现这位客户坐在经理的办公室里。经理看见姜明,马上就大声把他喊进来:

"真是越来越没有规矩了,刚才怎么跟刘经理说我不在呢?还说我一时半会儿回不来了,你来过我办公室吗?光想着偷懒,来都不来一趟就说我不在。还不赶紧向刘经理道歉?再有怠慢客户的情况扣一个月的奖金。"

姜明一听,虽然弄不清楚到底是怎么回事儿,但是经理这么说,肯定有他的道理,就顺着经理的意思对刘经理说:

"实在是很抱歉,刘经理,我刚才真的是太忙了,也没来得及过来核实一下,听同事说经理不在,我就没上来看,其实我应该过来核实一下的。"

那位刘经理见状也不好再说什么，赶紧说：

"没关系，主要是你们的工作太忙了，不过还好，我在卫生间门口遇上了你们经理，什么事情都没耽误。"

原来，这位刘经理刚走出姜明公司没多久就感觉肚子不舒服，然后又返回来了，不想却在卫生间门口碰上了他们经理，然后就问起这件事儿。姜明的经理只好推说自己一直都在公司，可能是姜明自己偷懒都没过来看，姜明就在这时候自己撞到了枪口上，经理自然是要训斥他一顿了。

这件事情以后，很多同事都在为姜明抱委屈，明明他一点错都没有，凭什么就要平白无故地挨一顿训斥，不但对人赔礼道歉，还要被扣奖金？事后，经理也不好对大家把这件事儿说开，害得有些不明真相的同事也都在怪姜明办事没谱儿。但是姜明自己心里明白，这事儿经理只有让姜明认个错，代表个人给客户道歉，如果说经理其实就不想见对方，这影响的可是整个公司的声誉。在两者之间取舍的话，自然是自己道歉比较合适了。后来公司对人事安排做了调整，原来的经理被调走，走之前，他向公司推荐了姜明作为新的经理人选。推荐的理由就是："肯为公司的整体利益着想，为了公司的利益，可以舍弃自己的利益。"

第六章
勇担责任万事方成

在责任面前从不把自己当做旁观者,这样的人最有可能出现在这个部门的领导岗位上。

有多大担当，就有多大舞台

最近又有一段话出现了刷屏的现象，这段话大家看到的最多的版本是这么说的："一个月挣一二百万元的人那是相当高兴，一个月挣一二十亿元的人其实是很难受的。"其实，说话者本意应该是这样的："如果是普通的快乐感，一个月挣一二百万元的人那是相当高兴，一个月挣一二十亿元的人其实是很难受的，这个钱已经不是你的了，你没法花了，你拿回来之后又得去做事情。"现在大多数人对于马云先生的这句话的理解跟马云先生本人所要表达的意思相去甚远，一个很重要的原因就是，在这个相对完整的版本里面有一个非常重要的关键词"普通的快乐感"，刷屏的版本因为被截掉了"普通的快乐感"，所以对大家造成了非常大的误导。

那么到底什么是"普通的快乐感"呢？这就得说到另外一个关键词：担当。我们看看马云先生是怎么用担当来解释这个普通的快乐感的。马云先生认为，做的事情越多，需要的担当就越大，心里所要想的事情也就越多，这时候你做成一件事，收获的快乐就是间接的快乐，而不是普通的快乐。由此不难理解，马云所说的普通的快乐感指的就是自己挣钱自己花，不要考虑太多其他事情的快乐，所以他才会说挣一二百万元的人那是相当的快乐，因为挣的这个钱是自己的，他可以拿来消费。而挣一二十亿元的人，之所以很难受就是因为他需要有很大的担当，需要考虑很多的人和事，钱是不能拿来随便花的，你不能仅仅作为消费使用，要拿来做事情，为更多的人换得更大的效益。

当然，这些并不是我们讨论的重点，我们要说的重点是马云在这段话当中提到的担当，马云认为每个人的事业做得有多大，担当就有多大。不过这是马云作为一个过来人，感受到了担当所带来的压力时的感慨。如果作为一个想要做些事情、想要有所作为的人来说，事情本来的逻辑应该是有多大的担当，才能做多大的事业。就像那句非常具有正能量的话说的那样："有多大担当才能干多大事业，尽多大责任才能有多大成就。"如果我们只是在职场中打拼的普通工作者，这句话则应该这么说："有多大的手，就端多大的碗。"这里说的"手"指的不仅是能力，更是一个人的担当。

有个在商场做楼层管理的朋友，他们商场里最近发生了一件挺有意思的事儿。有一位卖平衡车的小伙子因祸得福，稀里糊涂就当上了副店长。说这件事儿的时候，他只是当做工作中的一个笑料。原来，这个卖平衡车的小伙子平时工作挺认真的，大家也都比较喜欢他，有一次赶上过节，店里所有的产品优惠的力度都比较大，当然来店里看平衡车的顾客也比平时多了很多，忙得他们连午餐都没顾得上吃，这样一直到晚上入账的时候，才发现卖出去的货跟收回来的钱对不上。这时候，这个小伙子才发现，自己在忙乱当中弄错了型号，把一辆7000元的平衡车以4000元的价格卖给了客户。由于平时大家的关系都还不错，发现这个问题之后，大家都开始替他着急。店长也拿出售货单，把上面留的顾客电话给他，让他赶紧打电话把少收的那3000元给要回来。店长说，他可以晚半天时间给经理交账，这样小伙子就有时间来要回这些钱了，或者是跟客户再换一辆4000元的平衡车。不管怎么样，只要事情能够在给经理交账之前解决，大家就不会把这事儿给捅上去的。

可是这个爱较真的小伙子就是不干，说这又不是顾客的错，顾客一开始看上的就是这款，是自己当时不小心看错了价格，如果再打电话给顾客，说他买的平衡车不是那个价格了，客户怎么能够相信呢？不管是让顾客加钱还是给顾客更换车子，都会让顾客非常生气的。顾客要是打电话到商场投诉的话，只会让事情更加不好收拾。这事儿大家想想也不是没有道理，然后就又劝他，实在不行就用自己的钱把差价给补上，这样经理就不会知道这个失误了。因为发生这么大的失误，补差价是小事，弄不好还会被经理给开除掉的。对于这个方法，小伙子说所有的销售单据当时都已经入了电脑，要想不让经理知道，店长就得把这个账改过来。如果被经理发现的话，店长会受到更加严厉的处罚。就在大家还要再说什么的时候，这个小伙子说：

"我知道大家都是为了我好，不想让我因此失去工作，我非常感谢大家。但是这个错误是我犯的，就得由我自己来承当。不能试图隐瞒这件事而让别人受连累。明天上班的时候我就把差的钱带上，等经理来的时候，我会向他承认一切的。"

第二天经理到店里来的时候，问他怎么没有给顾客打电话解释这种情况，小伙子如实说了自己的想法。然后经理并没有当场做决定，而是让他先安心工作，等促销活动过去之后公司会给出处理意见的。这让大家都禁不住为他捏了一把汗，心想，这回他可算是摊上事儿了。还有好心的同事已经开始替他打听新的工作了。谁知道，几天之后等来的不是开除他的决定，而是让他做副店长的任命，之前的差价在当月工资里面扣。公司赏罚分明，这个让所有人都感到意外的处理决定很快就在整个商场里传开了，说有个傻乎乎的销售员卖错了价格，反而稀里糊涂就当上了副店长。

其实，这哪里是稀里糊涂就当上副店长的呀？这位经理还不至于糊涂到这种地步。那些觉得他稀里糊涂就当上副店长的人是没弄明白一件事。经理之所以这么做，看重的就是他身上那种敢于承担的精神。试想，一个宁可自己冒着赔钱还要失去工作的危险，也要顾及公司声誉的店员，又会有哪个经理不喜欢呢？在所有的领导心里一直都有着这么一条用人的原则：你有多大的担当，公司就会给你多大的舞台。

敢于担当，不为自己找借口

曾经有一位做程序员的年轻人，他在一家软件公司一干就是八年，在这八年内，他一直都尽职尽责，表现得非常出色。遇到什么问题，他从来都不会找借口来为自己开脱，更不会把责任推到别人身上。但是非常遗憾，由于市场竞争激烈，在他工作的第九个年头，公司实在是坚持不下去，只好宣布倒闭。公司倒闭之后，这个勤勤恳恳的年轻人不得不重新开始找工作。这时候他得知有家规模很大的软件公司正在招聘程序员，而且待遇也非常诱人，这位年轻人也赶紧向这家公司投了简历。因为这是一家知名度很高的软件公司，前来应聘的人非常多，竞争自然也是非常激烈。这位年轻人凭借着自己出色的技术水平和丰富的工作经验，在面试和笔试环节都取得了绝对的优势。但是让他感到意外的是，最终还是没有等来这家公司的正式邀约。

这是一个让人感到非常费解又非常让人生气的结果，一般人在遇上这种事情的时候，恐怕早就已经愤怒了。他们会想，自己的面试成绩和笔试成绩明明具有非常大的优势，结果竟然不被录取，这当中肯定藏着什么猫腻，不是面试官失职就是公司在搞什么暗箱操作。但是这位年轻人在工作当中已经养成了良好习惯,他没有为了给自己的失利找借口而对公司做各种无端的猜测。他习惯性地从自己身上去找问题,然后,心平气和地给这家公司写了一封邮件,当然并不是为自己的失利做什么解释,更没有对这样的结果提出什么异议,而是在信中向这家公司给予的应聘机会表达了诚挚的感谢,他在信中写道:

"感谢贵公司花费人力、物力,为我提供了笔试、面试的机会,虽然我落聘了,但通过应聘使我大长见识,获益匪浅……"一位落聘者发来这样的一封信,让这家公司的负责人感到非常意外,慢慢地就在公司里传开了。后来,这家公司的总裁也知道了这件事,并特意重新查看了他的面试和笔试的成绩。但是结果已经是这样了,谁也没办法做出更改。三个月以后,公司再一次出现了职位的空缺,这次他们没有再公开招聘,而是直接给这位年轻人寄去了一张精美的新年贺卡,贺卡上这样写着:

"亲爱的史蒂文斯先生,如果您愿意,请和我们共度新年。"

就这样,这位叫做史蒂文斯的年轻人正式获邀进入美国微软公司,凭借着自己出众的技术能力和敢于承担,以及从来不为自己找借口的精神,经过十几年的努力,一直做到了微软公司的副总裁。

不管是在工作还是在生活中,我们都不可避免地会遇到一些不利的局面需要去面对。在这些失利面前,有些人第一反应是我应该为这件事情承担什么样的责任,先把自己的责任承担下来。承担下来之后,再去思考到底是哪里出了问题,又该用什么方法来挽回由此而造成的损失,或者避免下次再出现类似的情况。现实中还有一些人,第一时间想的是他应该用什么样的理由避免自己在失利中遭受损失,他可以找到哪些体面的理由来为自己开脱。殊不知，所有的借口都会像透明的泡沫一样，只能暂时将他的错误掩盖，只能给他带来那么一瞬间的体面，泡沫是一种最不能持久的东西，时间稍长，就会自行消散，这时候他的那些错误看起来就会显得更加刺眼。而这时候，他会为之付出更加惨痛的代价。与其这样，倒不如一开始就勇敢承担下来。

但是我们不得不承认，有些时候我们要承担的结果并不是由我们自己的失误造成的，最起码不全是因为我们自己的错误，那么，这时候应该当场为自己辩解吗？事实上，辩解并不是一种明智的选择，如果你能够用自己的魄力先承担下来，等到一切都明了的时候，你反而可能会有意想不到的收获。相反，如果你选择当场力争的话，只会让事情变得更加糟糕。退一万步讲，即使你非常幸运，经过自己的努力把事情弄清楚了，那也会在辩解的过程中失掉自己的风度，弄丢了领导的脸面，这对于职场当中的人来说都是一件非常严重的事情。最明智的选择莫过于调整自己的格局，勇于担当，不为自己找借口。

方东明在一家大型企业工作，前不久刚刚升任为部门经理，同事们都说，他之所以这次获得升迁机会，很大一部分原因就在于他的勇于担当。方东明的性格沉稳，个性也比较豁达，很少为了自己的利益得失斤斤计较，平时遇到什么问题也总是主动承担。两年前，方东明所在部门的领导被调到了其他的部门任职，那次的人事调动非常仓促，由于时间的原因，这位领导在跟方东明交接工作的时候把一笔还没处理干净的账目一起交给了他。这些账目不是方东明经手的，所以他自己也不太清楚。但是很快，新来的领导就发现了这个问题，由于现在这部分工作是归方东明负责的，新领导就狠狠地批评了他。都说是新官上任三把火,这位新领导上任伊始也正要树立自己的威信,所以这次他给方东明的处分也是特别严厉,让他几天内把账目弄清楚,还要在部门会议上做出深刻的检讨,为了以示惩戒,领导还扣除他每个月500元的工资,期限是一个季度。

对于这位新领导明显过于严厉的处罚,同事们都替他鸣不平,有知情人就劝他当着众人的面把这件事情跟领导讲清楚,这个账目当时并不是他经手的。但是对这一切,方东明只是笑笑就算是过去了,丝毫没有为自己辩解的意思。方东明自己明白,在公司如果想做得长久就不能太较真,只有受得了委屈才能撑大自己的格局。站在领导的角度上想想,自己也理解新上司的意图。为这事儿还有好多人说他窝囊、胆小怕事儿,方东明知道这件事儿总会有弄明白的那一天的。当这位新领导知道事情的真相的时候,时间已经过去了三个月,对于方东明的处罚已经执行完了。三个月后的一天,这位领导去总公司开会,在会上遇到原来的领导,两个人就聊起了这件事。原来的领导听现在的领导说完,沉默了好久才说:

"这小子可真能沉得住气,你给他这样的惩罚他就什么都没说?"

"把事情做成这样,他还能说什么?我刚刚上任,他就给我上眼药儿,我这么处理他,也是他自己活该。"

新来的领导说起这事儿,还觉得有些气恼。原来的领导没有立即接话,犹豫了好几次才开口说:

"其实,那个给你上眼药儿的人是我,不是他。那时候这些工作还没到他的手里呢,都是由我负责的。不过我可不是成心这么做的,当时你也知道公司的调动太着急了,很多事情都来不及处理,你要是不说这事儿，我都给忘了。倒是方东明这小子，有点意思，你当时这么整他，他竟然什么话都没有。"

听完原来领导的解释，这位新来的领导也是惊讶了好半天，然后才喃喃地说：

"嗯，这倒是有点意思。"

觉得方东明"有点意思"的新领导，开完会之后就开始对方东明格外关注，越观察越觉得这个下属不简单，以他这样豁达的性格和忍耐力来说，将来作为一定不会比自己差。一开始，领导还为自己当初这么对待他感到愧疚，可是想明白之后反而为自己当初的决定而感到庆幸：如果不是当初对他处理得那么严苛，还发现不了他身上的这股子劲儿呢。从此以后，这位领导就对方东明格外栽培。

一年多以后，因为公司高速发展的需要，又进行了一次人事调动，这位领导也被调走了，但是他在被调走之前向公司提出建议，建议公司暂不安排别人来接手这个部门的工作，而是让方东明来代替。公司的批复是在部门内部进行投票，只要方东明能获得超过80%的赞成票就由他担任部门的经理。投票几乎全票通过，毕竟方东明的个性大家都了解，跟公司再派一位新领导比较起来，谁不愿意有这么一个遇事勇于担当，从来不给自己找借口的人来当自己的领导呢？

大局面前不做一个责任的旁观者

徐凝是一家设计公司的项目主管,她曾经做过一个难度非常大的项目,虽然大家都已经做了很大的努力,但是依然没有达到客户的要求。最近又经过徐凝的全力周旋,客户答应再给他们一次机会。然后徐凝就把项目组所有的员工召集起来开会,会上她问这些下属:

"大家探讨一下,这个方案目前还存在着哪些问题?"

然后所有人都开始积极发言,有的说这个项目最大的问题在于实施的成本太高,客户方根本就拿不出这么大的投资,但是又不好意思直说,就开始在其他的方面挑毛病,这些显然都是借口而已。

有的说,根本就不是这样,有句话叫做"干活不由东,累死也无功"。我们合作的这家公司的老板连中学都没有毕业,他的审美能力跟我们这些专业做设计的人根本就不在一个层次上。其实我们的这个方案根本就不存在什么大的问题,就是对方根本欣赏不了而已。

总之,大家七嘴八舌,说什么的都有,而且说起来都头头是道,听着也非常有道理。看见大家的热情都这么高,徐凝也非常高兴,就接着问:

"那么,谁能够拿出一套解决的方案呢?"

一看项目主管要来真的了，刚才还在踊跃发言的众人突然就变得鸦雀无声了。大家你看看我，我看看你，就是没有一个肯站出来的。众人的反应让徐凝的心里窝火，但还是压着性子问大家：

"合作方让我们在一周之内拿出新的方案来，这项目有谁愿意牵头负责？不管是谁，只要能拿下这个项目，公司都会给他额外的丰厚奖励的。"

虽然徐凝给大家做出了承诺，但是再看众人，不仅没人接茬儿，就连抬着头的人都没几个了，那几个没低下头的也赶紧把目光投向了别处，不敢跟她对视，生怕她看一眼，她就会把这个烫手的山芋扔给自己。面对这样不争气的下属，徐凝重重地叹了一口气。她知道，就跟以前一样，像这种难啃的项目最后都得靠自己加班加点来完成，这帮平时咋咋呼呼的下属，一到了关键时刻一个都指望不上。想到这里，徐凝突然间感觉好累，怎么就没有一个人肯为自己分担一点呢？

有些人觉得遇到问题之后积极围观、踊跃发言就算是有担当了，每当遇到什么问题的时候，他们就开始摆出这种姿态，让领导觉得他们都是一些有担当的人。真正一到关键的时刻，需要有人来解决实际问题的时候，他们就立马变成一副事不关己的模样了。就像徐凝的这些下属一样，挑毛病的时候一个个头头是道，但是一说让谁来负责，就开始装聋作哑了。这哪里是有担当呢？最多不过是一群责任的旁观者。起哄加油，他们在行，一落到具体的执行环节，一个个就都尿了，这样的人注定不会有什么大的发展，这样的团队也不会有什么大的作为。真正的担当，不光要说，还得想；不光是想解决的方案，还得敢于执行，更要有为失败承担责任的魄力。

只有这样的人，他的发展空间才能是无限大的。

季晓峰进入一家机械设备公司工作不到三年的时间，但是他现在已经是公司最年轻的分公司经理了。说起自己的晋升，他开玩笑地说，这可不是他自己争取来的，而是公司里的那些资格和能力都强过他的"老前辈"让给他的。用他自己的话说："这个机会与其说是让，还不如说他们硬塞给我的，想不要都不行。"

原来，公司的市场调研部门给出的数据显示，西部地区一个小城的基础建设刚刚上马，未来的几年内，这个地区对他们公司机械设备的需求会呈现出稳定增长的趋势。领导有意在这个小城设立一家分公司，在具体实施之前公司开始征求大家的意见。在会上，大家都积极献言献策，都觉得这是一个很不错的商机，公司应该抓紧时间尽快落实，免得行动晚了被别的同行抢了先。很快大家的意见就达成了一致，这就更加坚定了公司领导的这一想法，最后，总经理说：

"虽然这件事情宜早不宜迟，但是也不能过于着急，以免急中出错。现在公司的意思是，在成立新的分公司之前先派一位业务代表驻扎，一方面是为公司的品牌做宣传，另一方面是为分公司的设立提供更加翔实的信息支撑。希望大家现场踊跃报名，公司将在报名者当中选出合适的人员入驻该城。"

经理的话一说完，大家就做出了一副随时准备离场的模样，一时间会场的气氛变得有些尴尬。经理静静等了好一会儿，见还没有人说话，索性就开始点将了。但是一连点了好几个他心目中合适的人选，他们不是因为手头的工作太忙走不开，就是因为家里现在有老人孩子，自己长期去外地不合适。反正就是一句话，都不肯去。因为大家都知道，这并不是什么美差。那么一个偏僻的小城，生活环境大家不用想都知道。能够在大城市里舒舒服服地待着，谁愿意去那么艰苦的地方找罪受呢？而且，这只是公司的一个想法而已，到最后能不能设立分公司还是个未知数。要是在这么个地方待上个两三年又不出什么成绩的话，就算是被调回来，公司这边也没有合适的位置了。一连点了好几个人，这些人都以各种理由拒绝了，总经理的脸变得越来越黑，现在的气氛已经不是尴尬了，而是渐渐有了一股火药味。这时候，公司里一名老资格的员工站了起来，这让总经理的眼睛为之一亮，但是他却没有猜到接下来这名老员工要说的话。这名员工说：

"去这个地方，非得一个敢打敢拼、身体条件好、精力比较旺盛的年轻人不可，而且最好是单身的，只有这样的人才能心无杂念地把工作做好。最好是目前手头工作没有特别重要的项目的，这样不管当地的市场如何，都不会对总公司的发展造成大的影响。"

这名老员工话里话外说的这些条件，简直就像是为季晓峰一个人定制的。其他人一听，瞬间就醒悟了，马上就有好几个人表示同意，然后大家都齐刷刷地看向季晓峰。其实一向不服输的季晓峰早就有这个意思，但是他感觉自己资历浅，没有独立执行过大的项目，担心就算是自己说了，总经理也不会同意。现在既然大家都这么说了，他也就大胆地站出来了："我知道自己来公司的时间并不是很长，论经验远远比不上公司的大哥大姐。但是大家刚才说的这些，我觉得正好是我的优势，如果公司能给我这个机会的话，我一定会尽全力做好的。"

季晓峰的这番话让总经理看到了他的信心和担当，就同意让他前往。走之前，总经理特意给他安排了为期半个月的储备干部培训，让他学会站在领导的角度来思考和处理问题；然后总经理又给了他一个特权：在那里遇到什么困难可以直接向总经理寻求帮助。季晓峰在这个小城经过两年的努力，使这里的分公司运营步入了正轨，季晓峰就成了这家公司最年轻的分公司经理。

遇到问题之后，人们会出现三种反应：一种是漠不关心、不管不问，这样的人不管是在哪家公司里，都注定是永远只能游走在边缘地带，公司稍有风吹草动，最先出局的就是他们。还有一种就是光说不练的假把式，遇到什么事情永远只会动嘴，这样的人往往会占员工的大多数，虽然不至于短时间内就被淘汰掉，但是要想获得更大的发展空间和升迁的机会却也是难上加难。最后一种员工，只占员工人数的一小部分，他们敢说敢做敢担当，在责任面前从不把自己当做旁观者，这样的人最有可能出现在这个部门的领导岗位上。

扔掉"被害者"心态，担当是一种魄力

对于担责这事儿，不同的人有不同的理解，有些人觉得担责就等于是接受处罚，完全就是对自己的一种伤害，百害而无一利。他们对这些事儿唯恐避之不及，能躲多远就躲多远，一旦有一线的希望，都会费尽心机推到别人的头上。对于那些实在逃不掉也推不开的责任，也不能做到坦然地接受，而是把自己想象成一个受害者，偏执地认为这是老板或者上司对自己的伤害。但是有些人却并不这样想，他们觉得选择了工作就等于是选择了责任，要想享受工作带来的报酬和成就感，就得具备为它承担责任的魄力。这样的人在需要自己承担责任的时候，从来都不会选择逃避，自己的责任绝不推到别人的头上，甚至还会主动把别人的过失揽一些过来，对于同事推到他身上的责任，也从来不会有受害者的心态。这就像是一个魔咒一样，那些越是受害者心态严重的，一心想要逃避的人往往是越逃越麻烦，越推责任就越大；而那些有魄力去担当的，肯主动承担的人反而会因此越走路越宽。

张琪和卫辉在大学的时候就是不错的朋友，两个人在同一个宿舍住了四年。毕业之后，为了节省开销，又一起合租了一间小房子。非常巧

的是,他们两个一起应聘到一家电脑专卖店里做销售。这家店的面积不大,只有他们两个销售员,有一天,有位顾客来到店里想给自己换一台性能更好的笔记本电脑,最后选中的那款电脑店里只剩下一台样机,张琪就让卫辉帮忙去库房里再取一台新的来。新电脑取回来之后,张琪在调试的时候不小心把笔记本电脑给碰到了地上,屏幕上出现了几条裂痕。张琪装作若无其事的样子把电脑捡起来,然后对着正在给其他顾客介绍电脑的卫辉喊道:

"卫辉,你在回来的时候摔过吗?"

"没有呀,没拆封的电脑的包装都是防摔的呀!"

卫辉不明白张琪为什么会这么问他。

"那你怎么拿来一台坏掉的电脑呢?你看屏幕都裂了,肯定是摔的。"

卫辉正在忙着接待其他的顾客,也没再做过多的解释,就让张琪自己回库房去取了一台新的笔记本电脑给顾客。

第二天经理到店里来检查工作,张琪趁着卫辉不在的空当跟经理说:

"昨天有个顾客过来买笔记本电脑,他要的那个型号店里只剩下样机了,我就让卫辉回库房去取了一台新的。我打开包装的时候,看到屏幕上有裂痕。"

经理听完,只是反问了一句:

"你确定不是你摔的?"

张琪听完心里咯噔了一下,但是马上就很坚定地说:

"肯定不是我,到我手里的时候,这台电脑就已经是那样了。"

经理没再说什么，让张琪先工作去了。然后经理把卫辉叫了过来，问他电脑到底是怎么回事儿。卫辉说他只能确定在取电脑的时候没有摔过，但是毕竟电脑经过他的手，那就不能完全推卸责任。经理还是没做最后的表态，同样反问了卫辉一句：

"你确定不是别人摔坏的吗？"

卫辉轻轻地摇摇头说道：

"张琪说我把电脑交给他的时候就已经是这样了，他应该不会骗我的，再说我交给他的时候没有认真检查，也是我的责任。"

经理临走的时候告诉卫辉，让他尽快给店里招一个新人，并特别说明，这事儿一定要让他负责。对于电脑的事情，经理还是什么都没有说。其实经理早就知道了事情的真相，因为昨天的那个顾客跟经理的关系不错，他到这家店来买电脑就是冲着经理来的。昨天这件事情发生以后，这位朋友就告诉了经理。考虑到张琪和卫辉的关系，经理本来是打算让他们一起离职的，但是最后，经理改变了主意。他决定把张琪辞退，让卫辉再招一个新人来给他帮忙。让经理改变主意的就是卫辉勇于担当的魄力。

其实，像张琪这样的行为已经不是没有担当这么简单了，他逃避本应该由自己承担的责任，已经违背了做人的基本底线，这样的人公司是绝对不可能让他继续留下来的。而卫辉对待这件事儿的处理方式，却彰显了自己的担当，该是自己的责任，自己勇于去担当，也没有因此就撒谎说是自己摔坏的，而是实话实说，自己确实没有摔过，但是也真的没办法证明不是在自己手里出的问题，所以让自己承担责任也没什么不妥。为一些说不明白的事情承担后果，自己也没有被连累的被害者心态，没有为了替别人开脱而故意撒谎的行为，这样的做法恰到好处。

主动担当远比被动接受好很多

承担这个事情说起来很奇妙，如果说你不小心犯下了一个错误，这个错误产生了一个非常不利的后果，这时候你要是主动去承担的话，就会发现这个结果并没有你想象的那么糟糕。甚至有时候自己主动要求承担，事情反而会往好的方向发展。有些事情看起来是出力不讨好的差事，也正是因为这样，绝大多数的人都远远地躲开了，但是你想反正这些事情总归是要有人做的，当你怀着舍我其谁的心态主动地靠近它的时候，你会发现，其实这件事情也没有想象中的那么坏。相反，同样的失误如果你没有在第一时间就选择面对，而是抱有侥幸心理的话，等到领导查到了你那里，原本只需要付出很小的代价就可以承担下来的后果，这时候已经变得十分棘手。同样，大家都不愿意去做的一件事情，你也跟其他人一样装聋作哑，等到领导指定非要你去做的时候，你就是做得再好也不会获得领导的表扬。这就是关于担当的一个铁定的法则，能主动承担就不要被动地接受，主动地承担永远要比被动接受效果明显。

高俊豪是技术员出身的车间副主任，他在这家工厂上班的时间已经超过了十年，算得上是这个工厂里的老人了。在这十几年的时间内，他处事非常谨慎，一直没出过什么大的失误，就这样一直熬到自己的老领导退休，由于他是负责车间生产技术的副主任一手培养起来的，原来的副主任退休前就推荐他做了新的车间副主任。在他上任不久后的一天，他发现车间里的生产线上出现了问题，导致最近生产出来的产品质量都有所下降。他在简单了解情况之后，就凭感觉断定问题是出在生产产品的原料上。但是，在他对原料的配比进行过几次调整之后，产品的质量还是没有多大的起色。这时候，车间里一位老技术人员跟他说问题可能不在原料上，而是他们的机器设备出现了问题。虽然他心里清楚这个技术人员说的话很可能是对的，但是作为负责全车间技术与工艺的副主任，就这么承认自己的错误，让他觉得非常没面子，这个技术人员在公司也很多年了，之前一直是自己的竞争对手，如果自己判断失误，那么很可能因为这件事儿而被他抢走车间副主任的位子。

于是他就抱着侥幸心理又对原料的配比做了几次调整，几次努力过后，结果依然没有什么改变。这时候他才不得不接受这个现实，但是固执的他不肯拉下面子向这个技术人员请教问题的具体情况，一边坚持自己的观点，一边在下班之后悄悄地请人对设备进行调试。但是这样的偷偷摸摸的方式使得设备检查和维修的进度都变得非常慢。终于，这边问题还没能得到彻底地解决，那边客户对于质量的投诉已经反映到了厂长那里。因为产品的质量问题，工厂不得不大量回收已经上市的产品，公司不但因此遭受了严重的损失，声誉也受到严重的损坏。厂长在了解清楚事情的经过之后，盛怒之下，毫不犹豫地对高俊豪做了开除处理。这时候，不要说是车间副主任了，他就连做一个普通的技术员的机会都没有了。更为严重的是，他的事情很快就在行业内传开了，失业之后的高俊豪这时候想再找一份工作都几乎成了不可能的事情。

本来并不是什么大问题，结果竟然弄得如此不可收拾：使公司遭受了很大的损失，自己的职业生涯也遭受到了致命的打击。当那位技术员告诉他问题是出在机器设备的时候，如果他能够主动承担责任，向领导说明情况，暂时停工，对设备进行必要的检查维修的话，根本就不会落得这样的下场。一切都是他私心作怪，不能主动担当造成的。

有一位朋友，前不久跳槽去了一家新公司，刚开始入职新公司的那段时间，经常听她吐槽到新单位之后的各种不适应，大家处处排斥和刁难，虽然表面上都对她表现得非常客气，但是她就是觉得没办法融入这个大家庭当中去。为了能让自己更好地融入这个圈子，她做了各种努力和尝试，但是效果都不是很好。最近不怎么听到她关于这方面的吐槽了，心想：她一定是找到了什么好的处理办法了。我就问她最近在新公司过得怎么样，她很高兴地回答：

"我现在已经成为他们一伙儿的了，其实只要找对了方法，融入这个圈子完全不是问题。"

她很兴奋地讲述了她在新公司里发生的一切。原来，正在她为怎么才能更好地融入这个新圈子而苦恼的时候，为了更好地丰富员工生活，加强企业团队文化建设，公司决定定期举行主题会餐。对于公司的这一举措，大家举双手赞成，但是最大的难题是谁来负责这件事儿的落实，很明显，大家都不愿意把这件事儿揽到自己身上。原因很简单，做这件事儿会占用自己大量的时间和精力，一不小心还会影响自己的业绩。众口难调，不管怎么做，都会有人表示不满。关键是，就算是事情做好了，也没有啥好处。但是大家又都不希望这件事情落空，不管怎么样，定期有一个放松的机会也是很不错的嘛。大家就都开始相互观望，都希望有人能够站出来认领这件事儿，但是又都不希望这个人是自己。

这位朋友就想，如果我能把这件事情揽下来的话，也许大家就能对我有些好感了。本来她是抱着为了大家献身的想法去做这件事儿的，但是让她没想到的是，在做这件事的过程中有那么多意想不到的收获。首先，为了能够让大家都喜欢她组织的主题聚餐，她就不得不一个个地了解同事们的喜好、大家时间上的安排、家庭住址的大概位置。这是一个相对愉快的沟通，这一轮下来，她就了解了所有同事的脾气秉性和各种喜好，如果不是利用这种方式的话，恐怕给她两年的时间都无法做到这一点。然后她又收集很多相关的信息，制订了几种不同的方案。她把这些方案以邮件的形式发给所有的同事，争取大家的意见。她还建了一个微信群，大家利用休息的时间在群里展开讨论。慢慢地，她竟然发现自己已经成为这个圈子的核心了。尤其是，两场主题聚餐活动下来，自己俨然已经成了公司里的人气王。她对身边同事的了解比公司里其他任何一个人都多，现在跟这些同事在一起，再也不会有外来人的感觉了。

最后，她不无得意地说："如果不是当初我主动把这件大家都不愿意做的事情揽到自己身上的话，我想要彻底融入这家新公司恐怕得需要比这还要长得多的时间，而且效果肯定没有现在这么好。说实话，这些是我在决定做这件事的时候完全没有想到的。我当时就是想，把没人愿意做的事情做了，他们对我的感觉也许能够好一些。刚开始做的时候，

199

心里甚至还有那么一丝委屈。不过，幸亏我这么做了，就算我不主动去做，只要他们愿意，他们就有办法让这件事情落到我的头上。不过，等到那时候再做的话，结果很可能就不一样了。现在我要说的是，如果还有这样的工作的话，我会在第一时间就把这事儿承担下来。因为我已经深刻领悟了这里面的道理：关于主动担当，能面对就不要逃避，能主动就永远不要被动，你会有意想不到的收获。"

欲先谋其位，必先担其责

"不想当将军的士兵不是好士兵。"这句话已经是人人皆知的名言了，但是只靠想象是不可能当上将军的。那些后来成为将军的人，在自己还是一名士兵的时候，就已经在用将军的标准来严格要求自己，用将军的思维方式来思考问题了，甚至在自己还没成为一名将军的时候，就已经开始有意识地承担起将军的责任了。这个道理放在职场上同样适用，你想要在将来成为一个什么样的人，就必须在成为这样的人之前承担起所应该承担的责任，学会按照这个位置上的人的思维方式来思考并解决问题。

谭庆明刚刚从一家银行的普通职员直接被任命为部门经理，这在外人看来算是火箭式的提升了，但是在他同事的眼里，这个任命来得并不算太早，甚至有人觉得他早就该是部门经理了——因为他在很早之前就已经开始做原本是经理做的事情了。谭庆明是在三年前进入这家银行工作的，这三年的时间，他从普通职员到小组长所做的贡献，大家都有目共睹。在入职之前他就已经拥有经济学博士和注册会计师的头衔了，入职之后不久，他就成了这家分行的顶梁柱。因为这家分行的老员工普遍学历都比较低,现在银行系统更新比较快,大部分员工对新的东西接受起来也比较慢。他们在遇到很多新的应用技术、新方法时有些力不从心,这时候他们就会向谭庆明寻求帮助,谭庆明从来都是有求必应,不管是谁遇到了问题,他都会尽心尽力地去帮助解决。他自己能够解决的就当时解决,自己一时解决不了的就加紧学习,学会了帮大家解决。他从来不会考虑这是不是他的分内之事,只要是交给他的问题,他就会想尽一切办法把它解决掉。同时他的能力也得到了飞快地提升,很快他就成了一个无所不能的多面手,整个银行系统内的问题,基本上就没有他解决不了的。

当然,他这个多面手在单位所做的事情远不止这些高难度的,就连一些别人不想做的,或者是不屑于做的事情,他都乐呵呵地去做,没有任何怨言。去总行开会学习新的操作系统,别人担心学习的压力大,领导就派他去;去别的分行学习好的贷款模式,其他人嫌远,害怕辛苦,同事们推荐他去,他也去;就连平时单位需要采买一些日常用品或者一些跑腿之类的事,别人不屑去做,交给他,不管是刮风下雨或者天热天冷,他都二话不说就去做。

为了做这些事情,谭庆明付出了很多。在银行工作的这三年里,他几乎每个周末都在加班,而且十有八九是因为别人的事情。工作日,他也是来得早走得晚,有时候他好不容易休息一天,只要别人需要他帮忙,他都会立即赶回来。关于谭庆明,有两件特别有意思的事,都跟他的女朋友有关。因为他自从进入银行工作以后,不仅早来晚走,还几乎每个休息日都到银行来,这让他女朋友在相当长的一段时间内都认为,银行所有的员工都没有双休日，当她从朋友那里得知银行职员可以双休之后，还一度怀疑他瞒着自己做什么坏事儿去了呢。

还有一件事，就是有一次谭庆明休息，带着女朋友去公园划船。刚到公园买了票，正在排队，银行的同事打来电话，说一个账目做不平，让他帮忙处理一下。他二话没说就答应下来了，然后他让女朋友自己先玩，他去去就回。还告诉女朋友，不管多晚都要等他回来，晚上和她一起去看电影。因为他觉得账目的事儿他做出来应该费不了太多的时间。但是这次他可是大大地失算了，等他跟同事一起把问题解决完之后，天都已经黑了。因为这件事儿，女朋友跟他冷战了好些天。

是金子总会发光的，他的辛苦换来大家的认可，他在银行界也逐渐小有名气，竟然有好几位其他分行的负责人过来找他们行长，说要把他给"挖"走。行长一听赶紧摇头拒绝，这样的人才他可是舍不得放走，为了让那些想要挖人的不再动这个心思，行长主动提升谭庆明做了部门的经理。关于这件事儿，其他人都表示赞同，甚至还有同事说："经理不经理的有什么区别？这几年他干的不一直都是经理的活儿吗？"

就像谭庆明的同事说的那样，这几年他干的其实就是一个经理的活儿。在他还不是部门经理的时候，就已经承担起一个部门经理所应该承担的责任，这也是他最后能够被提升的一个非常重要的原因。像谭庆明这样拥有担当的人，以后的发展空间只会越来越大。

黄宏强在大学学的是酒店管理专业，他的最大梦想就是将来自己独立管理一家星级酒店。为了实现自己的这一梦想，在毕业的时候，他放弃了一些小酒店开出的相对优厚的薪资待遇，以相对低得多的工资进入了北京一家非常知名的国际酒店。虽然只是一名普通的工作人员，但是他时刻要求自己以经理的眼光来看问题。有一天，黄宏强跟同事一起送几位客人到国际机场。当他们把客人安顿好，准备离开候机大厅的时候，广播里响起了飞机晚点的通知。通知里广播：因为日本大阪机场有雾，飞机无法降落，所以当天飞往大阪的航班要延迟起飞。跟黄宏强一起来的同事，对这个通知没有一丁点的兴趣，反正要坐飞机的又不是自己，飞机延迟不延迟跟自己又有多大的关系？他们的任务是把客人按时送到机场，现在他们的任务已经完成了，赶紧回酒店交差才是最重要的。

黄宏强从这通知里听出了不一样的东西，他让其他的同事先回酒店，自己晚一会儿再打车回去。同行的同事离开后，黄宏强找到机场的工作人员，向他们询问航班从北京飞到大阪需要多长时间。工作人员告诉他需要三个小时。然后他又问了大阪机场的关闭时间，得到的回答是大阪机场的关闭时间是下午3点半。黄宏强意识到如果中午12点半飞往大阪的航班不能准时起飞的话，今天的这个航班就得被迫取消了——因为这个航班已经来不及在大阪机场关闭之前到达了。黄宏强看了看时间，还有半个小时的时间。

黄宏强赶紧给酒店的经理打电话说了自己的想法，经理听完之后，感觉这可能是一个大单子，就让他留在机场继续观察，并把酒店的报价单发了一份在他的手机上。经理赶紧开始统计酒店的空余房间。眼看着已经过了航班的最晚起飞时间，却还没有听到让旅客登机的通知。黄宏强就找到了机场的值班室，工作人员告诉他，今天飞往大阪的航班已经取消了。看见工作人员正在为这些滞留旅客的安置问题着急，黄宏强就向他们的负责人介绍了自己酒店的情况，并调出了手机里的报价单给他们。这位负责人用有些奇怪的眼神看着黄宏强：

"你怎么得知航班取消的消息这么快？你完全确定你们酒店能安置得下这么多的旅客吗？"

"我在听到延迟起飞的消息之前已经通知我们经理准备了。您不妨告诉我一个具体人数，我马上跟经理确认。"

很快就得到了经理的确认，他们酒店完全可以同时安置这些旅客。然后这位机场值班室的负责人稍微犹豫了一下说：

"好吧，虽然说你们酒店的报价稍微高了一些，但是考虑到能够一下子安置这么多旅客，而把旅客分开安置的话又太麻烦，那就通知你们酒店安排车过来接人吧。"

这件事情过后没多久，黄宏强就被破格提升为酒店客服部的经理了。他知道，他离自己的梦想又近了一步。

第 七 章
做事能屈能伸，进退游刃有余

知进退是一种高明的人生智慧，也是格局的体现，它要求我们在该进的时候一定要果断，千万不可犹豫。

当进则进，天予不取，必受其咎

　　谦虚和矜持是做人必备的一种美德，不管到什么时候都不能丢弃，于是就有了所谓的三推三让的传统。所谓的三推三让，就是说当别人给你一个机会或者好处的时候，虽然他给的正是你梦寐以求的，但是你不能一下子就欣喜若狂地接受了，而是要谦让地表现出拒绝的姿态，等到对方第二次主动提出给你，你再推让，对方第三次给你的时候，如果你真的想要，那你就可以接受了，就像是我们熟知的三顾茅庐的故事。不过，这种情况只可能出现在一种条件下，那就是如果你不接受的话，对方受到的损失要比你大很多。就比如说三顾茅庐当中的刘皇叔，他对诸葛亮是志在必得，如果诸葛亮不接受他的邀约，他的事业十有八九是很难打开局面的。所以，在这段故事中，刘备的需求才是刚需，在刚性需求的驱动下，不要说是三顾，四顾、五顾都有可能。

　　所以要不要三推三让，关键是要看双方的需求程度。如果你对于对方来说，是没你不可的刚性需求，而且你还具有不可替代性，那你就可以放心地推三次，或许在这个推让的过程中还能抬高你的身价也说不定呢。但是现实当中出现这种情况的概率实在是太低了，很多时候说是三推三让，只要我们稍作犹豫，对方就已经改变主意了。这时候，看着煮熟的鸭子竟然飞掉了，遗憾、痛心的只能是我们自己。所以，就又有了那句话："天授不取，必受其咎。"意思即是说，既然是上天给你的，你就应该毫不犹豫地接受，否则就是违背天意，就是逆天而行，而逆天行事是要遭到惩罚的。不接受就算是逆天，这话已经说得很严重了吧。就是因为很多人在弄不清状况的情况下就开始退让，等到失去了之后才痛心疾首、悔不当初。虽然上天给我们的好处我们没有太深的感触，但是对于别人给予我们的，我们却有很多类似的惨痛的领悟。

项乔是一位朋友的表妹，齐耳短发，走路带风，一看就是个干练的女子。她说起话来也是快人快语，想到什么就说什么。按说这样的女孩子，如果有什么东西是她想要的，而别人恰好有意愿要给她的话，她应该是不大会拒绝的。但是一聊起这个话题，项乔就一副悔不当初的样子，说曾经有一个大好的机会摆在她面前，但是她却亲手推给了别人，如果事情还可以重来的话，她一定会在这个机会面前大声说出："我能行。"但是，事情不可能重来，她失去的机会永远不会回来了。

项乔的家里是开小卖部的，她从小就喜欢那种一手交货、一手交钱的感觉。后来读大学的时候，她选的是营销专业。毕业之后，她如愿以偿进入了一家知名的电器公司做销售。项乔不是一个怕吃苦的女孩子，在工作面前她敢于出大力、流大汗，更何况是她自己喜欢的工作呢。靠着自己对销售工作极高的悟性和极大的热情，再加上比别人多很多的努力，在短短一年的时间内，她就取得了很多让老资格的销售员都汗颜的成绩。她所负责的三个县级市场的销售总额占到了她所在大区的销售总额的50%以上。她的个人销售业绩在全国数百名业务员当中排到了前十。在个人业绩排行榜前十的人当中，只有她入职时间未满三年，其他人最少都已经在公司工作了三年。对于这样的成绩，项乔也是比较满意的，她经常在想，以自己的业务能力，就算公司给自己一个区域经理的位子，也是情理之中的事情。让她没想到的是，这样的机会很快就来了。不久之后，她所在的省级区域经理因为内部转岗被调走了，这个位子就出现了空缺。因为项乔的表现出色，所以公司准备破格提拔项乔来补上这个空缺。

这件事情本来应该是一个皆大欢喜的结局，但是项乔说，当大区经理找自己谈话的时候，不知道怎么的，脑子就莫名其妙地"抽筋"了。她突然想到自己是新人，一定要在大区经理面前表现得谦虚一些，面对大区经理让自己出任省级区域经理的提议，她竟然推说其实自己只不过是业务能力稍微强一些而已，在其他方面，尤其是在人员管理和整体规划上欠缺得还很多，还需要向公司的前辈们多多学习，现在让自己来做这个经理，她感觉时机还不够成熟。她认为自己也还没有做好准备，做销售她没有问题，但是做经理还要管理十几个比她大的员工，自己也没有太大的信心能够胜任这一职位。最后，她还向经理推荐了另外一位经验很丰富的、年龄也要大一些的同事。本来对项乔信心满满的大区经理，听完她的这一番话，再看她一副极度缺乏自信的模样，顿时也觉得心里没底了，本来让项乔担任这个职务就是一种破格提拔，如果是把一个只适合做业务的人硬推到了管理岗位，由此造成的不良后果他也脱不了干系。于是，大区经理就说他要好好考虑一下项乔的话。

项乔说，跟大区经理谈完话之后她都想抽自己一个耳光，那时候她就隐隐觉得自己很可能就要错过这个大好的机会了。后来事情的走向也证明了这一点，因为项乔所谓的谦虚，公司改变了当初的决定。同样也是因为项乔的推荐，公司把这次机会给了项乔所说的那位同事。让项乔没有想到的是，因为项乔在这次谈话中的表现，公司在她的任用方面也开始变得保守起来。虽然自己的表现依然是那么出色，但是她在这家公司工作的三年时间内，公司再也没有考虑过她的提升问题。无奈之下，项乔只得在三年之后向公司递交了辞职报告。倒是她向公司推荐的那位同事，在经过公司一系列的专项培训之后，综合能力得到了很大的提高。在项乔离开这家公司的时候，他已经成为新的大区经理了。

虽然项乔在离职之后，很快就在另外一家公司得到了提拔，但是每每说起这事儿，她还是对此耿耿于怀。项乔说，这家公司是她最希望留下来发展的公司。但是，这又能怪得了谁呢？公司已经给过她机会了，是她自己把事情弄砸的。有时候项乔就在想，如果当时她能大方接受的话，她现在在这家公司应该会有非常不错的发展。但是，这已经是不可能的事情了，在机会面前只要稍一犹豫，就会永远地错过。

相对于项乔的"谦虚"，胡静在这一方面表现得就明智了很多。

胡静是项乔的一个小师妹，她们中间差着好几届，但是她们的性格和做事方式有着很多相似的地方，在校友聚会上遇见之后就觉得很投缘，关系也亲密不少。胡静在工作和生活上有想不明白的地方经常会告诉项乔，而项乔作为大姐姐也非常乐意给她一些过来人的指导。

胡静在这家单位也已经工作两年了，她的工作表现一直不错，不仅如此，她还是一个非常热心的人，除了做好自己的本职工作之外，还愿意帮别人解决一些困难。他们的部门经理也经常会安排一些有难度的工作给胡静，胡静也从来没什么怨言，只要是交给她的工作，她都会尽心尽力去完成。慢慢地，经理对胡静变得越来越依赖。用经理的话说就是："你办事，我放心。"也正是因为这样，经理给胡静安排的额外工作也越来越多了，现在已经明显超出了她的承受能力。胡静感觉自己压力非常大，心想，如果经理再给她安排额外工作的话，必须跟他谈谈，她要明确表示拒绝。她不知道这样做合不合适，就把自己的想法告诉了项乔。现在的项乔早已不是当初的职场小白了，她在胡静的述说中看到了隐藏的机会。然后告诉胡静，如果能够换一种方式来处理这件事的话，事情完全可以变得很好。

这天，胡静的经理又给她安排了很多额外的工作，胡静跟经理说：

"我现在手里已经有好几个项目了，再加上这些项目的话，我担心自己会忙中出错。我非常想把您交代的所有事情都做好，但是我一个人的话，时间和精力都是有限的。"

经理早就已经习惯了胡静的绝对服从，突然听她这么说，感觉很是意外。但是仔细一想，也确实是这样，不过经理觉得有些事情交给别人又不太放心。胡静看出了经理的犹豫，就跟经理说：

"我知道经理对我信任，我也很想把所有的工作都做好，如果经理能够给我安排几个同事帮忙的话，我保证能让这些工作有一个很好的结果。"

不久之后，胡静请项乔吃饭，感谢她对自己的指点，现在自己已经是部门的小组长了，有了新的起点，自己以后就有了上升的机会。跟项乔当初把大好的机会推给别人不同，胡静及时地把潜在的机会演变成了明面上的机会，并能够主动去把握机会，所以事情的走向就有了很大的不同。但是，在这件事情上，项乔的及时指点也是功不可没，这也充分说明了项乔这些年来的成长。现在的项乔也早已明白了，当进则进，天予不取，必受其咎的道理。

当退则退，极盛时常怀退让之心

知进退是一种高明的人生智慧，也是格局的体现，它要求我们在该进的时候一定要果断，千万不可犹豫。我们也要做到在该退让的时候不偏执、不迷恋，只有在极盛时常怀退让之心，才能让我们的人生和事业在经历高速发展之后平稳落地。我们读史的时候会发现一个特别常见的现象：杀功臣，历史上几乎每一个朝代都发生过这样的事情。其实杀功臣这件事儿绝不单单是那些君王的原因，跟臣子们的不知进退也有很大的关系。其实不光是历史，在我们的职场中，这种事情也不在少数。很多在创业初期跟着老板一起打拼过来的元老级人物，在公司经过高速发展，慢慢步入平稳增长期之后，都会黯然离场。不过，因为每个人的格局不同，他们退场的方式也是不一样的。有的人虽然离开了公司的权力核心，却保住了自己在公司里的威望，成为一个企业的灵魂人物；有的人却是在经过一番两败俱伤的争斗之后，被彻底淘汰出局，不仅把自己弄得身败名裂，好不容易做起来的事业也因此而遭受巨大的损失。

辛总是公司的元老级人物，跟着老板一起在商海当中拼杀了十几年，公司终于上了正轨。因为自己在这十几年当中对于公司的巨大贡献，现在也算是大权在握了，在公司的重大决策上拥有一定的话语权，当然公司的年薪也很丰厚。但是正当他准备一展抱负，带领大家继续大干一场的时候，董事局却做出了让他退居二线的决定，这让他感到非常意外，同时也觉得分外委屈。当局者迷，旁观者清，公司的其他人都觉得他的出局是早就注定的，只不过是时间早晚的问题而已。

辛总是一个传统的实干型的人才，公司刚刚创立之后不久，他就凭借着敢打敢拼的精神和不离不弃的忠诚，迅速成为公司的顶梁柱式的人物。当时的老板——现在的董事长对他也特别倚重，不仅在待遇上尽可能满足他的要求，甚至在重要事情的决策上也尽量给他足够的自主权。辛总也没有辜负老板的厚爱，抱着"士为知己者死"的决心把自己的全部精力都献给了公司，也可以说，如果没有他，公司不可能在竞争激烈的市场中发展壮大。这十几年的时间，他遇事一马当先，做事不计回报，全心全意付出，各个部门无法解决的难题都亲自给解决，从来没有任何怨言。在公司发展的困难时期，他甚至牺牲个人的利益，主动给自己降薪。

随着市场不断地发生翻天覆地的变化和新生代员工逐渐成为公司的主体，他这些年来一直坚持的经营理念和管理方法在现实面前越来越显得格格不入，但是他显然没有认识到这一点，还固执地认为他的那些理念和方法都是在十几年的商海实践当中磨炼出来的，自己为公司创造过辉煌的业绩，很多方式和方法甚至可以说是推动公司不断前进的法宝。成立集团公司之后，公司有了很多不同的部门，当然也在辛总的统领之下更加忙碌了。对于他的这种想法，董事长曾经跟他谈过好几次，让他一定要注意与时俱进，让手下人大胆干，不能总是抱着过去的老经验，旧方法不放手，但是他却很少有听进去的时候。几次谈话之后，他发现自己手上的工作越来越少了，这让他感觉到了一丝危险的气息。对于那些现在还归他负责的工作，他抓得比过去更紧了，在做什么决策的时候，他甚至都不征求其他人的意见，生怕给了别人染指的机会，自己就会失去事情的控制权。他越是这样，事情越是朝着他不希望的方向发展，慢慢地，公司开始不断地安排他去外地出差，再后来就是长时间的国外考察。他原以为这不过是工作理念上的一些小分歧，甚至在国外考察的时候都还在想着回去之后怎么把工作做得更加出色。但是，让他万万没想到的是，公司竟然把他淘汰出局了。

感觉委屈不过的辛总向自己的朋友诉苦，不料这位朋友却说："当老板向你提意见而你又不愿意做出改变的时候，你就应该考虑放权的事儿了。如果那时候你选择后退的话，最起码在公司里还能保留自己的一席之地。虽然职务可能小些，但是凭借这些年你对公司的贡献和在公司的威望，你还可以获得公司上下的尊敬，但是这些你好像都错过了，现在公司上上下下都把你看作一个不知进退的人。董事长做出的决定，你也没办法改变。"辛总冷静下来想想朋友的话，也觉得自己这样做有些糊涂，但是事情已然如此，再想挽回也不可能了。

郝勇算得上是一位年轻有为的管理者，不惑之年就已经是一家知名广告公司的一把手了。在他负责的这几年里，公司的业务做得风生水起，成功跻身于行业前三的位置。也许是平时高强度工作的原因，正值年富力强的他在公司发展越来越好的时候突然感觉有些力不从心了，之前出差坐一夜的火车，第二天就能马不停蹄地展开工作，现在出去一趟回来好几天都缓不过来，工作稍微紧张一些就会有特别强烈的疲劳感。郝勇知道这样下去绝对不行，但是公司现在正处于发展时期，根本不可能给他调理身体的时间。思虑再三之后，郝勇决定向公司辞去总经理的职务，让自己好好休息一段时间。郝勇这么做是出于两方面考虑：首先，再这么硬扛下去，自己的健康迟早会出现大问题；其次，现在自己已经适应不了高强度的工作了，继续在公司里待下去也会对公司的发展造成非常不利的影响，他也不想自己辛苦经营起来的公司出问题。

对于郝勇的辞职，老板当然是非常不舍，不过这是因为他的健康问题，也不好做过多的挽留，在同意郝勇辞去总经理职务的同时，任命他为公司的顾问，平时可以不用上班，到公司遇到重大决策时，需要他提出自己的建议。退下来之后的郝勇一边静心调养自己的身体，一边利用这难得的闲暇时光给自己充电，了解一些最前沿的资讯。他还隔三岔五地组织各种主题沙龙，经常约不同行业的朋友坐在一起畅聊，这种头脑风暴形式的聚会时不时地碰撞出一些不错的想法。另外，不时地参加公司的决策会议也可以帮助他时刻把握行业发展的最新动态。

两年之后，郝勇的身体和精神都调整到了巅峰状态。经过这两年的积淀，他对于如何经营一家广告公司有很多新的想法，那些经常出现在沙龙上的不同行业的朋友已经成为他强有力的优质人脉。于是，郝勇毫不犹豫地创立了属于自己的广告公司，一次主动退出则成就了他取得更大成功的起点。

当不了主角时就让配角出彩

如果可以选择的话,每个人都想成为绝对的主角——不管是在生活中还是在工作中——因为主角永远都是一群人当中最引人注目的那一个,因为主角总是能够获得更多的机会,头顶主角的光环,做什么事情都会更加顺遂。可惜的是,更多的时候我们没有选择的权利,我们不可能永远都是主角,更不可能一开始就是主角。事实上,每一个主角都是从配角衍变而来的,连配角都做不好的人,多半是没有机会成为主角的。即便是那些有先天优势而成为主角的人,如果不懂得这个道理也会很快就失去自己头上的主角光环。

在生活中,我们的老一辈有一句特别朴素的话——"多年的媳妇熬成婆",说的就是这个道理。要想成为一个家庭的绝对主角、得到家人的喜爱,就得先学会做好家庭里面的配角,先学会怎么做一个孝顺老人的儿媳。在工作中也是一样,不管你是什么样的学历,不管你在大学时表现得多么优秀,也不管你有多么强的办事能力,初入职场,我们都有一个共同的名字叫"菜鸟"。作为"菜鸟",我们不可能马上就成为公司里的主角,除非我们能够把这个配角做好,让"菜鸟"升级为"老鸟"。

当我们还是"菜鸟"的时候，我们需要甘当绿叶的智慧和胸襟。但是作为绿叶，有的人能够让自己在陪衬红花的过程中改变自己的颜色，成为另一朵受人瞩目的红花；有的人因为绿叶做得好，做得别具特色，即使不改变自己的颜色，也能让自己过得有声有色；当然，也有极少一部分人因为不甘心好好做绿叶而让自己变得"营养不良"，把生机勃勃的绿叶硬生生地活成枯叶，出现以上几种情况，是因为他们的格局大小不同。

洪斌是一所重点大学中文系毕业的高才生，拥有非常扎实的写作功底，在校期间就已经在全国各种报纸杂志上发表了几十篇作品。毕业之后，他特意选了一家特别喜欢的杂志做编辑。洪斌曾经在这家杂志上发表过不少文章，他最喜欢的就是他们刊物上的卷首语，那真叫才华横溢。也是因为洪斌经常在这家杂志上发表作品，他们对于洪斌的文字功底也有所了解，所以在众多的应聘者当中选择了洪斌。

能够到自己心仪的杂志社去上班，洪斌感觉自己特别幸运，收到这家杂志社的正式邀约时，洪斌兴奋得几天都睡不好觉。但是入职一个月以后，洪斌觉得他再也忍受不了这份工作了，再这样下去的话，他可能都无法实现自己的编辑梦。

原来他以为进入杂志社以后就可以尽情施展自己的才华，就像那些写卷首语的编辑一样，让全国各地的读者每一期都能读到自己的文字。但是事实证明，他真的是想得太美好了。入职后这一个月的时间，他每天的工作就是给别人打下手、跑腿、处理杂事。别说是动笔了，写稿子都轮不到他。他这才知道原来编辑也是分级别的，同样是编辑，人家就可以做一个编辑应该做的事儿，而他却只能顶着编辑的名号干一些勤杂工才干的活儿：要不就是跑跑印刷厂，要不就是给排版公司和设计公司打打电话，再有就是帮别的编辑收个文件、发个快递什么的。总之，凡是他认为不该是编辑干的活儿，这一个月他全干过了，倒是他特别希望能够做的事情一件都没做过。

更可气的是，他们不但净让他干这些杂活，还对他一点都不客气，经常动不动就是一顿训斥：做事速度慢、干活不仔细、分不清轻重缓急、跟别人沟通不注意方式方法。每天他听得最多的就是这些批评的话。洪斌真的开始怀疑他们招他进来的目的，既然你们需要的只是一个勤杂工，为什么还要对文笔有那么高的要求呢？难道招我进来就是为了试用期薪水低吗？每当想起这些的时候，洪斌都恨不得马上冲到总编的办公室，拍着桌子对他吼：

"既然你们这么耽误我的大好青春，就别怪我不伺候了。"

可是他又不甘心这样，毕竟单位是他喜欢的单位，工作是他喜欢的工作。做一个编辑一直是自己的梦想，在梦想面前怎么能这么轻易就放弃了呢？在这种想法的支持下，洪斌熬过了三个月的试用期。三个月以后，杂志社的总编找他谈话，洪斌终于有熬出头的感觉了，心想，自己的苦日子总算是到头了，接下来就是施展自己才华的时候了。可是，他很快就发现这一次他又想得太美了。因为总编的第一句话是这样的：

"恭喜你没有在这三个月当中自动离职，这就意味着你正式获得了为其他编辑打杂的权利，公司培养一个合格编辑需要很长的时间，你要有心理准备。"

洪斌一下子就愣住了，他有点弄不明白总编说这些话的用意。但是总编并没有管这些，而是继续往下说：

"在转正的这段时间内，你随时可以选择放弃，因为我见过很多看起来非常有才华的年轻人，因为熬不过试用期而半途而废。他们当中的很多人是在一开始的三个月当中主动退出的。但你已经成功坚持了三个月，我有责任告诉你一些东西，以便你能给自己一个熬过接下来的这段时间的理由。想要做好编辑的工作，绝不只是能处理好文字就可以的，你需要对整个版面负责，如果你对版式、封面设计、插图甚至是印刷工艺和纸张的特性没有深入了解的话，是不可能做好编辑的工作的。所有这些文字处理之外的基本功都需要你在打杂的过程中学习。检验你的学习成果的，就是那些资深的老编辑，如果你的辅助工作做到他们挑不出毛病来了，那就意味着你已经成为一个合格的编辑了。三个月之前我没告诉你这些，是要考验你的心性，现在我告诉你，是希望你在知道这些之后做出一个更加慎重的决定。离开还是留下，需要你考虑清楚。"

听完这些以后，洪斌没做过多的思考，很快就告诉总编选择留下来。因为他明白了辅助工作的重要性，也明白不把这些工作做好的话，自己的编辑梦想就永远只能是一个梦想。有时候必须把配角做好是因为你有很多的东西需要学习，你需要在这一过程中尽快地提升你的能力，丰富你的工作经验。能不能做好这个配角，考验的是你的智慧，就像我们在上面的故事中看到的洪斌一样。还有些时候，把配角做好是一种姿态。比如说我们经常可以在影视剧里看到一些德艺双馨的老艺人，他们甘为没有多大名气的新人做配角，所展现出来的就是这种胸襟和气度。

适当弯一下腰才不会倒

秦晓兵以前在一家大型公司做企划部经理，后来为了能够有更好的发展，他辞职去国外攻读MBA。学成归来的他很快就找到另外一家规模相当大的公司，以企划总监的职位入职。本来以为以自己以前的工作经验，再加上自己MBA的学历在新公司能够如鱼得水，可是进入新公司才发现，他把现实想得过于简单了。到了新公司就像是到了别人的地盘，有句话说得好，叫做强龙不压地头蛇。现在秦晓兵算是深刻理解这句话了，空降的领导真的不好当。一方面是因为他刚来，对公司的很多业务还不熟悉，很多员工也都不熟悉。另外一个方面是他现在的这些下属，大家原来都以为公司会采取内部择优的方式，从他们中间选出一个新的企划总监，没想到公司竟然外聘了一个人来管理他们，这让他们多少都带着一些情绪，尤其是那几个感觉自己有机会竞选企划总监的骨干人员，更是觉得秦晓兵抢了他们的上位机会。

从秦晓兵入职的第一天，他们就开始故意刁难，平时也总是摆出一副老资格的姿态。所幸他们有严格的绩效考核制度，对于秦晓兵安排的工作，他们还不至于拒不执行，但也只是把工作做到达标，绝不会多做一丁点，并且拖延到最后一刻。公司的高层领导知道这些事情以后跟秦晓兵说，必要的时候可以严惩那几个带头的老员工，他们会全力支持他的。但是秦晓兵并不打算这么做，因为他知道靠惩戒老员工立威是空降领导的大忌，这样只会激起下属更大的抵触情绪。再说让高层领导出面帮自己解决问题，本身就意味着自己的无能，如果他真的这么做了，那么下一个离开公司的很可能就是自己。他现在还记得自己的一位朋友去一家新公司同样做空降领导，刚一到任就急于惩戒老员工立威。结果他所属部门的员工商量好了，连着两个月都只拿底薪，不做业绩，这一下他在领导面前也交不了差了，又不能把整个部门的人员全部都开除掉，领导在衡量利弊之后只好把他调到另外一个部门去担任副职。

想到这些，秦晓兵告诫自己，一定不能走这位朋友的老路。但是眼前的问题不及时解决的话，迟早也会出麻烦。于是他决定主动放低自己的姿态，放下身段去跟他们沟通。想好之后，秦晓兵召开了一次部门的全体会议。在会上，秦晓兵实话实说，首先开诚布公地告诉大家，他已经感受到了大家的情绪。然后他又重申了一个事实，那就是自己的任职是公司上层的决定，已经是改变不了的事情了，如果大家继续带着这种情绪工作的话，对谁都不是一件好事儿。假使自己走了，公司可能还会空降别的领导。最后秦晓兵提出了一个解决方案，他告诉大家，虽然已经不能选择由谁来做这个职位了，但是他们完全有权利选择接受一个什么样的领导。他请大家提出对于这个新领导的要求，只要大家的要求是合理的，他会尽全力去配合。如果他做不到的话，他自己主动向公司高层递交辞呈。

虽然大家对这事儿将信将疑，但总算是给他们的情绪找到了一个出口，也已经在最大限度上保全了大家的面子。于是，那几位老资格的员工就开始带头提要求。等他们一开口的时候才发现，当着这么多人的面，就算是有情绪，也没办法提出过分的要求。他们提过要求之后，情绪已经缓和了一大半。秦晓兵又提出了一个问题，这个问题很简单，那就是如果自己按照大家的要求去做了，大家准备怎么对待自己。这时候大家竟然不自觉地开始表决心了。大家一边说，秦晓兵一边把这些内容都记在身后的黑板上，包括大家对他提出的要求和下属对自己提出的要求，最后告诉大家，黑板上的这些内容就相当于一份君子协定，他会打印出来贴在部门墙上显眼的地方，从今天开始，大家可以一起监督他，但是同时他也会时刻关注大家的表现，如果部门出色地完成各项任务，自己身为领导，一定会向公司申请，争取更多的利益。

当秦晓兵说完这些的时候，在开会之前还充满抵触情绪的下属们已经开始为其鼓掌了。其实谁都知道，作为一个领导，把事情做到这种程度已经表示了足够的诚意了，领导都已经把姿态放得这么低了，谁要是还不领情的话，那就有些太不知进退了。就算是有极个别依旧不服气的人，在现在的形势下已经构不成多大的威胁了。

很快，在领导和下属的双向监督之下，整个企划部的工作积极性都被彻底调动起来了，一派热火朝天的新气象，比之前的工作效率提高了不少。原来带头跟他对抗的那几个骨干分子，现在表现得比谁都敬业，他们之间的关系也缓和了不少，公司在高层会议上对秦晓兵提出了表扬。只有秦晓兵知道，如果当初不忍住一争高低的冲动，不肯主动弯下腰放低自己的姿态的话，现在他有可能又在应聘的路上呢。同样，如果他的人生格局不够大的话，在大家的故意刁难之下，他很可能就会像他的那位朋友一样选择惩戒老员工立威，把自己带入两难的境地。

有时候，危机会摇身一变，就成为向更好的机遇迈进的契机；有时候危机会继续恶化，直至成为灾难，这当中的决定性因素就是自己的姿态。就像山坡上的那些小草一样，如果它在狂风袭来的时候，懂得把腰弯下，它就能在经历风雨的洗礼之后长得更加茂盛。这当中的道理是一样的。秦晓兵刚进入这家公司就遭到了大多数员工的刁难，因为自己在危机面前及时放低了姿态，弯下腰之后，反而把危机变成了提升企划部工作效率的一个契机，这是由他的大格局决定的。相对来说，下面这个故事里的安凤茹的格局就小了很多。

安凤茹是公司经理介绍进入公司的，名牌大学的管理学博士，也许是感觉自己师出名门，所以她的骨子里有着非常强烈的优越感。到了毕业季的时候，她的这种优越感就更加强烈了。因为每年的毕业季，都有很多大学生找不到工作，而她却不同，因为学校知名度和学历的双重原因，自己都没开始投简历，就收到了好几家不错的公司发来的邀约，其中就有这位经理。在几经斟酌之后，她选择了经理所在的这家看起来还不错的公司。对于能挖到这样一位起点比较高的人才，这位经理还是非常高兴的。在安凤茹报到的那天，经理有事外出，就安排了另外一位同事来接待指导她，这让安凤茹感觉很不舒服，心想，经理也太不重视自己了，报到的第一天竟然都不露面，自己好歹也是名牌大学的博士生，这么对待自己简直太没面子了。

虽然觉得自己受了委屈，但是既然来了，那就开始工作吧。在工作中，安凤茹还是放不下自己的优越感，对于那些文化低的老同事，甚至是他们的小组长，她都没怎么放在眼里。有什么事情需要他们帮助的时候，她不是客气地向他们请教，而是颐指气使地对他们呼来喝去。那些同事也就算了，知道经理很看重她，基层锻炼一下，说不定很快就爬到自己头上了，也不方便跟她发生直接的冲突，能忍就忍了，大不了躲她远一点就行了。但是小组长却不这么想，她再牛也不过是一个刚来的新员工，凭什么就这么对自己没上没下的，让自己在小组成员中没有威信？小组长在遇到事情的时候，自然不会让着安凤茹，而自视甚高的安凤茹也没拿一个小组长当回事儿。短短的几个月内，他们之间就爆发了好几次正面冲突，事情闹到了经理那里，经理觉得就这么放弃安凤茹实在是有些可惜，但是想想大家对她的态度，也知道她不能再在这个部门待下去了。经理就跟老板申请，把安凤茹调到了另外一个部门。因为在新的部门要经常跟客户打交道，所以在调动之前，经理特意找安凤茹谈话，希望她能改变一下与人相处的方式。她自己也发现了自身的不足，表示到新的部门之后自己一定注意沟通的方式方法。但是之后发生的事情证明，她还是没能放低自己的姿态。在面对客户的时候，她没有端正的姿态，虽然是遵照公司要求的流程做工作，她也没说什么过分的言语，但是同样，她说话时的态度和语气让别人感觉非常不舒服。总是亲和力不足，优越感太强；有些话如果态度诚恳，说起来会有很好的效果，但是这些话从安凤茹口里讲出来，客户却以为她是在嘲讽。面对客户的一再投诉，经理只好选择放弃，把她请出了公司。

在我们聊起这个故事的时候，时间已经过去两年了。这位朋友说，安凤茹在这两年的时间里又换了两家都还不错的公司，现在仍然是待业的状况。每家公司在决定聘用她的时候看上的都是她的学历，她每次离开公司或者被公司开除都是因为自己待人接物的姿态。这位朋友说，成就她的是她的高学历，但是同样是"名牌大学管理学博士"的光环葬送了她这几年的大好时光。她的格局实在是太小，小得只能装下一个高学历的光环，心里满满的都是自己，都是自己过去的优秀。既看不见别人，也看不到未来。这种情况下，她又怎么能够放低自己的姿态呢？如果学不会在必要的时候适当弯一下腰，她又怎么能够在职场上风生水起呢？

分寸感，少一点、过一点都不行

关于知进退，我们聊过几个方法：当进则进、当退则退，低谷时要有甘当陪衬的胸怀，困境时要能主动放低姿态。这些都是进退当中无可忽视的铁律，却不是进退智慧的全部。说到底，知进退还真是一个技术活，有分寸是知进退的关键。进退的分寸感就是要我们在进的时候保持积极主动的心态，但是又不至于盲目地横冲直撞，不能因为自己要进就毫无顾忌地抢夺一切机会，也不能因为自己进就不分时间和场合地展现自己的优势。同样，当我们退而求稳的时候，也不能因为自己一心求稳就失掉自己该有的锐意进取精神。如果要用一句话来总结进退的分寸感的话，那就应该是：积极而不冒进，稳健而不至保守。

吴思远又跳槽了，这已经是他第四次跳槽了。其实他是个很有才华的年轻人，工作能力没有任何问题，但是做人做事儿却缺乏那么一点分寸感，这么频繁跳槽跟他的这个缺点有着直接关系。对于才工作了两个月就跳槽的事情，吴思远感到特别后悔。在入职之前，他曾经说这次他要扎根在这家公司好好干，绝对不会再走之前的老路。他之所以能够如此自信满满，是因为这次他的顶头上司就是他在美国读书时的同学，两个人的私交不错，对方对他的能力也非常了解，如果自己做得出色的话，估计很快就能得到提升。

可是时间刚刚过去两个月，他的状态就发生了颠覆性的转变，对他的这位上司朋友也是满满的怨气。他说自己可能是着了别人的道了，太傻太天真，被别人给骗了，自己还在那儿傻乐呢。他嘴里的那个"别人"就是朋友毕晓月。原来，吴思远没来这家公司之前，虽然跟上司的关系不好而看不到升迁的希望，但是他出色的工作能力倒也不至于被开除。他在跟毕晓月聊天的时候谈到自己的职场困境，毕晓月就建议他跳到自己的公司来工作。因为毕晓月回国以后就一直在这家公司，现在已经算是一位中层领导了，手里多少有些权力，再加上他们在美国读的同一个专业，他跳槽之后刚好可以跟毕晓月在同一个部门。原本就在单位不得意的吴思远一听，感觉也不错，于是这两个人就这么愉快地决定了。在他们看来，这是一件双赢的事情：一方面，吴思远的能力，毕晓月是清楚的，她需要这么一位实力派的自己人在身边，这对她将来的发展会有不小的帮助。另一方面，对于吴思远来说，到新公司之后有这样的一位部门负责人做自己的上司，自己的升职之路自然就会顺畅很多。

在吴思远进入毕晓月所在的公司之前，毕晓月就跟吴思远讲好，要吴思远在进入公司之后不要有什么顾忌，火力全开，充分展示自己的能力，要让公司上上下下看到他的实力。但是同时为了避嫌，不能让别人看出二人之前就私交甚好，在单位要保持适当的距离，等吴思远有了成绩之后，她会尽快找机会把他推到小组长的位置上，以后时机成熟的时候，再谋划下一步的发展。吴思远说，刚入职的时候，毕晓月确实对他很照顾，尽可能地给他露脸的机会，他也都会把交给自己的工作完成得漂漂亮亮的。一切都进行得很顺利，吴思远也很快就得到了部门同事的认可。就在他对一切充满信心的时候，突然发现毕晓月态度转变了，对他越来越冷淡，有什么露脸的机会不再惦记他了，就连见面打个招呼也是不咸不淡的。吴思远对这样的情况太熟悉了，以前他每次不小心得罪领导之后，他们就是这副模样。但是想想，又觉得应该不会，毕晓月又不是外人，他们在异国他乡建立起来的友情不至于连这点考验都经受不住。想着想着，吴思远心底突然冒出一丝寒意，他认为除非这在一开始就是一个局：毕晓月在一开始就只是想让他过来给她挣升迁的资本，根本就没想过帮助他。

想到这里，吴思远满心都是愤恨，想不到自己把她当朋友，她却这样对待自己。幸亏她这么早就暴露了，不然等自己为她挣够了升迁的资本再后悔可就来不及了。吴思远想找毕晓月把事情说清楚，但是找到她办公室才知道她昨天刚被派出国了，要一个月之后才回来。疑虑重重的吴思远就给毕晓月发了邮件，连发几次都没有回音。这让吴思远更是疑虑重重，以为对方不想解释。吴思远想道：一个月之后，自己就过试用期了，到时候想走就难了，这肯定都是毕晓月算计好的局。越想越上火的吴思远还没过试用期就选择离开了公司。

听完吴思远的讲述，大家都以为他是遭遇了职场局，可是事情在毕晓月回来之后出现了反转。毕晓月出差回来之后得知吴思远已经离职的事情，知道事情已经挽回不了了，就给吴思远打电话，询问怎么回事，谈到自己态度转变的因由，她说了两件吴思远根本就没在意过的事情。

先是有一次毕晓月在开部门会议的时候，提出自己的方案来让大家讨论。结果吴思远把这个方案批得一无是处，这件事情让同事们对毕晓月的能力产生了怀疑。还有一次，毕晓月跟领导汇报一个项目的实施细节，这个项目的实施方案已经是部门确定过的，毕晓月想给吴思远一个在领导面前展示的机会，就让他来做具体的讲解。结果，吴思远在讲解的过程中突发奇想，感觉之前的方案有几处不到位的地方，然后就在讲解时擅自做了改动。领导看着手里的方案，听着吴思远的讲解，脸色越来越难看，如果不是领导一直都很器重毕晓月的话，真不知道事情会怎么收场。

但是吴思远从来没有注意过这些，他一直觉得凭着他跟毕晓月的交情，他只管放开来展示自己就行了，就算是有什么不周到的地方，她也不会跟自己过不去的。其实这一点他想得没错，毕晓月没打算真的跟他过不去，毕竟大家好多年了，她清楚吴思远的性格。但是她觉得让他吃点亏长点记性还是非常有必要的，不然等他做了小组长还不知道会惹出什么麻烦呢。但是大家都是成年人了，直接批评有损朋友的面子，所以就有意地疏远他，希望他有所察觉改正。后来公司让她临时出国，她心想，这一个月的时间让他自己冷静下来想想也好。不承想，等自己出国回来，他却已经离开公司了。

听着毕晓月的解释，吴思远的心里真是五味杂陈，后悔、懊恼、愧疚。但是这又有什么用呢？他所能做的就是牢牢记住这次教训，时刻提醒自己，在做事儿的时候千万不能再这么冒失了。至于不回复自己邮件的疑问，毕晓月说，由于外出工作忙，对于工作邮箱，她会及时回复，但是吴思远发到了私人邮箱，自己无暇顾及，完全不知情。

相对于吴思远来说，蔡勇的情况还算是好一点的，最起码他是有惊无险，在事情变得不可收拾之前，及时发现了问题所在，并当即调整了自己的状态。

蔡勇是软件公司的软件测试组的组长，平时工作认真负责，也乐于帮助别人，跟部门经理的关系也非常不错。经理的妈妈身体不好，从老家来看病，分散了他不少的精力，这样一来，有些工作他就顾不过来了，一向热心的蔡勇就主动帮助经理分担一些。对于蔡勇的帮助，经理也是感激不已。

后来经理的妈妈的病检查出了结果，医生建议他们尽快做手术，经理就向公司请了一段时间的假。鉴于蔡勇平时的表现，经理在请假的这段时间内，把工作交给了蔡勇来负责，蔡勇也是不负众望，出色地完成了这些工作，还受到了公司领导的表扬。蔡勇满心想着，等经理回来上班的时候，看见工作完成得不错，肯定会非常高兴。但是，让蔡勇没想到的是，经理自从回到公司之后，就慢慢地对他冷淡了。二人的关系非但没有进展，就连本该属于蔡勇的机会都被经理安排给了别人。

这让蔡勇感到非常委屈，不明白为什么自己帮经理分担了那么多的工作，却招来了经理的冷藏。直到有一次他在无意间听到部门的同事在传公司准备要换项目经理的事儿，他突然就明白了，不管这件事情是真是假，经理一定是听说了这件事才变得这么反常的。自己只顾一味帮忙，却在无意之间让经理感受到了威胁。想明白之后，蔡勇就不再招揽那些不属于自己的工作了，尽量减少跟公司上层的单独接触，在人多的时候对经理也更加尊敬。过了几个月，公司的人事安排没有任何变动，经理对蔡勇的态度也变了很多。

如今蔡勇已经从上次的事件中吸取了教训，及时调整了自己的位置，当别人向他求助的时候，他还是会不遗余力地去帮助他人。不过，如果别人不开口或者没有向他寻求帮助的意思时，他也不会像以前那样冒失了。相对于上面故事里提到的吴思远，蔡勇显然是更快地掌握了分寸感，我们有理由相信，有分寸感的蔡勇必将收获属于他的成功。

知进退，看破不能点破，更不能越权

这个世界上从来就不缺聪明人，生活上是这样，工作上也是如此。但是，并不是所有的聪明人都能够左右逢源。有些聪明人不但不能顺风顺水，反而让自己处处碰壁，究其缘由，就是因为自己虽然聪明，但是不知进退，不知道什么事情是自己应该做的，什么事情是自己绝对不能做的。用一句特别接地气的话说，那就是"心里没数"。心里没数的人，一般都很积极，他们跟其他的同事比起来，会多做很多事，也会多受很多累，而且还是自己主动争取的。不过，他的积极主动不仅不能给自己的职场加分，还有可能因为自己的多事儿而出局。

倪娜前一段时间立了大功一件，她机智地为公司挽回了一笔不小的损失，同事们都说，这下倪娜可算是露脸了，说不定很快就能升职了呢。倪娜自己心里也是美滋滋的，那可是一大笔的损失呀，要不是自己聪明果断，这事儿还不知道最后怎么收场呢，特别是经理，他这次肯定会好好感谢自己的，要不是自己的话，他跟老板可就没办法交差了。但是等来等去，也没见经理有什么表示。就在大家都快要忘记这件事的时候，倪娜莫名其妙地就被调离了原来的岗位，到了个无关紧要的位置，她成了整个公司最不受关注的人。之前作为采购部经理的助理，倪娜可是公司的红人，这次变故让她开始反思自己在这件事情当中的表现，冷静下来一想，也就明白经理为什么会这么对待自己了。如果下次再遇到这样的事情，她绝对不会再这么做了。

一个月之前，公司需要重新找一家新的供货商，倪娜跟着采购部经理到处去谈合作，最后圈定了两家供货商作为备选。他们看上了其中一家供货商的产品质量，但是厂家的代表把价格把得很死，经过好几轮的谈判，价格死活谈不下来。这让倪娜的上司感到非常生气，这是摆明了让公司觉得自己能力有限嘛，一气之下，就写了一封特别不客气的邮件，非常坚决地拒绝了这次合作。之后他们很快就跟另外一家供货商达成了初步协议。跟第一家供货商不同，这个厂家的代表非常好说话，也非常会来事儿，他们提出的价格也比第一家供货商低很多。这让经理感到很高兴，说幸亏没跟第一家供货商合作，不然要多花不少冤枉钱呢。但是很快他们就发现不对了，这家供货商虽然态度很诚恳，价格也很合适，但是要命的是他们产品的质量特别不稳定。之前提供的样品质量都是达标的，但是一开始批量供货，质量马上就下去了。后来才了解到，这家供货商的工厂里只有几台新设备，他们把这些新设备生产的高质量产品用来做洽谈时的样品。一旦进入批量供货阶段，单靠这几台新设备是远远不够的，只能把大量的老旧设备生产的不达标的产品混进来。这样一来，产品的质量就参差不齐。

经理惊出了一身冷汗，要是把这样的产品都投入到市场的话，公司名誉就会受到质疑。他以存在质量问题为由，赶紧终止了与这家供货商的合作之后,他们的当务之急是赶紧找一家新的供货商顶上。但是因为之前已经浪费了不少时间,现在再开始接触新的供货商显然已经来不及了。情急之下,经理又想到了他们谈过的第一家供货商。虽然价格偏高,但是他们在业内的口碑却是非常不错的。不过一想到之前的不愉快,经理心里就感觉有点凉了,都怪自己当时太不冷静,竟然发了一封那样的邮件给对方。话都已经被自己说死了,现在再找他们合作恐怕就没那么容易了。可是事情已经这样了,也没更好的办法了,就让倪娜与对方的代表联系,要亲自给人家道歉。之后只能是走一步看一步了。

没想到,倪娜这时候却笑眯眯地跟经理说:

"咱用不着道歉,直接联系,跟他谈合作就行了,我保证这事儿肯定能成。"

经理以为倪娜是在拿他打趣,就没好气地说:

"别说风凉话,事情办不好,你也脱不了干系。我们在那封邮件里说了什么你又不是不知道,要换作是你,你能不生气吗?算了,赶紧联系吧,不管怎么样,我们先道个歉,以后的事情就尽量争取吧。实在不行,就说那封邮件是你自作主张发的。"

对于领导要甩"锅"给自己的话,倪娜一点都没在意,还是笑眯眯地跟经理说:

"我说没问题就肯定没问题,因为你给我的那封邮件我根本就没发出去,也许对方现在还在等我们的消息呢。"

经理一听感到非常意外,脸上看不出是高兴还是生气:

"我不是让你当时就发给对方的吗?"

倪娜这时候笑得更加得意了：

"我早知道会出现这种情况，所以我就把这封邮件压下来了。你看看，现在不是刚好解决了我们的问题了吗？"

经理没再说什么，只是让倪娜赶紧给对方联系，他们以最快的速度跟对方达成了合作，化解了这次危机。后来倪娜在跟同事聊天的时候得意地把这事儿给说了出来，大家都一个劲儿地夸她聪明，说她就等着经理给她奖励吧，不承想最后等来的却是自己被调离的消息。

为什么替公司挽回了损失，替经理化解了危机，却落得这样一个结果呢？原因就是倪娜犯了职场的大忌，作为经理的助理，她不该自作主张替经理做决定。当然，也不是说助理就应该把自己当成一个按钮，不管对与错，只要经理按了这个"按钮"，她就得不管不顾地去执行，这是没有担当的表现。相对于自作主张替领导做决定，倪娜其实还有更加稳妥的做法，作为助理，在发现领导疏忽大意或者有什么不妥的地方的时候，她应该在领导还没做最后的决定之前就向领导提出自己的建议，这么做的目的是提醒领导把事情考虑得更加全面一些。倪娜的做法就欠妥，不仅当时不加提醒，事后自作主张，而且还表现出一副"我比你更高明"的姿态，聪明是聪明了，但是输在了格局上。真正有格局的聪明，就是知道进退的分寸，不仅在面对领导的时候不会自作主张，就是在跟同事们相处的时候也要给对方留面子，否则就会落得跟倪娜一样的结局。

莫凡在单位里有一个绰号叫做"大麻烦"，大家送他这个绰号，不是因为他总是麻烦大家让别人去帮助他，而是因为他太喜欢帮助别人了，但是总是因为帮助别人带来不必要的麻烦。没错，他是非常聪明活络，工作能力也没什么可挑的，对很多事情看得也比其他人要透彻，更多的时候，他提出来的建议也非常有价值，但是他的口头语是：

"这个问题很简单嘛，用脚趾都能想明白的。"

"真不知道，你怎么会犯这样低级的错误。"

"有什么可愁的？交给我，完全不是事儿。"

基本上每次在帮完别人之后，他都会说类似的话，让接受帮助的人感到非常尴尬。一开始的时候，因为他的聪明，别人都会向他寻求帮助。后来他的这些话说得多了，别人宁肯自己花费更大的力气去解决，也不愿意再找他了。再到后来，就是他上赶着给别人提供帮助，大家也都表示拒绝。更让人不能忍受的是，有时候人家事情刚做到一半，他就提出一些"高明"的建议。其实对方未必就想不到这一点，但是为了保住自己的面子，他们只能不按这个思路走，所以大家就送给他这么一个不招人待见的绰号。

路都是自己走出来的，莫凡真的遇到了麻烦，因为他的业绩一直都是部门里最优秀的，公司就有意向给他一个晋升的机会，但是一搞民意调查，发现他在整个办公室里人缘最差，竟然连一个支持他的人都没有。领导看了民意调查的结果，也只能遗憾地摇摇头说：

"如果他不能改掉自己不知进退的毛病的话，恐怕只能永远做一名普通员工了。"

第八章
做人做事终极修炼六大法则

一个了不起的人，并非可以掌控别人，而是可以掌控自己的人。能够掌控自己的人，之所以非常了不起，是因为他可以通过掌控自己进而掌控全局。

你与成功者之间只差一个坚定的目标

我们先来说说几则高手的逸事。要说的第一位高手就是马云，在江湖上，马云有三个诨号，分别是："骗子"马云、"疯子"马云和"狂人"马云，我们现在只说他的这个"狂人"的诨号。马云之所以有这么一个诨号，是因为他常常口出"狂言"。当然，这个狂言的说法是那些看不透马云的人给的，在马云的认知里，这根本就不是狂言而是自己的宏大目标，只不过是他的格局太大，目标长远，大到别人都看不明白而已。事情就是这样，当只有一小部分人看不明白的时候，我们会说看不明白的人愚笨。当大部分人看不明白的时候，我们说凡夫俗子没什么远见。但当你的目标全世界都没多少人能看明白的时候，那你就是大家所说的狂人。

当马云说他要做一个叫做"因特耐特"的很"邪乎"的东西的时候，身边的朋友都觉得他是疯了，都说："这玩意儿太邪了吧，政府还没开始操作的东西，不是我们干的，也不是你马云干的。你也不是很有钱，有几千万元的资金，根本不够玩。"

当马云准备进军C2C，向易趣eBay发起挑战的时候，当时阿里巴巴的首席技术官被马云的想法吓坏了，他跟马云说："Jack，你疯了吗？

我在雅虎跟 eBay 交锋了那么多年，输得心服口服，那是个太可怕的巨人……"

淘宝上线运营之后，马云到美国给华尔街的分析师做路演，跟他们讲淘宝未来的发展前景，那些基金经理听得瞠目结舌，更有的人觉得实在是听不下去了，干脆选择"愤然离去"。但是想想又觉得这么走太不甘心，就又转过身来冲马云喊了一句："eBay will win."

现在想想这些事儿，免不了会有莞尔一笑的感觉，但是马云绝对不是一个人，他还有很多同行者。我们要说的第二位高手也跟马云有关系，那就是马云的金主，阿里巴巴的投资者之一，日本的首富孙正义。

当公司刚刚创立，年仅 23 岁的孙正义站在纸箱子上喊出"公司 5 年内销售额达到 100 亿日元，10 年达到 500 亿日元"的时候，台下仅有的两位听众——他的两名临时员工被吓坏了，感觉这老板太能吹了，说话一点都不靠谱，感觉这样的老板靠不住。两个星期之后，公司里仅有的两名员工也被吓得辞职了。

我们要说的第三位高手就是大企业家褚时健。

当他准备要种冰糖橙的时候，万科的王石前来看望他，并问他为什么要选择种冰糖橙。褚时健的回答是："美国的骑士水果一直在世界上名列前茅，我不服气！给我 6 年时间，我一定会超过美国佬。"此言一出，就连王石这样的人物也是为之一愣。王石悄悄地一合计，6 年之后，褚时健就已经是一位 80 岁高龄的老人了。但是他的这份魄力，却足以让我们汗颜。

褚时健说："干大事就需要一种大气魄！没有大气魄，万事难成。"

著名演讲家邵守义也说:"人活一世,总要干点事情。认准了就干,要干就快干,要干就大干,要干就干出名堂来。"

没错,要干就大干,要干就要干出点名堂来,大格局的人做大事儿需要的就是这种魄力。目标要够大,这样才能站得足够高,然后才能看得足够远,这样才能拥有足够大的人生格局。想要修炼自己的格局,先要学会给自己预定一个足够大的目标,因为从当下到目标之间是你的格局。当然,也并不是说目标越大就越好,我们没必要制定那种一说出来就把人惊呆的超级目标。只要这个目标能够让你放弃眼前的苟且,能让你忽视那些不相干的人和事的干扰,能使你保持专注,能使你少走一些弯路,那这样的目标对于你来说就已经够大了。否则就会成为"放卫星"、说大话,有百害而无一利。我们来看一个身边的例子。

樊春红曾经是一家酒店的财务主管,这个仅次于酒店经理的位置让公司的很多人都眼馋不已,现在这个位置已经不是她的了。不仅如此,樊春红现在甚至都不是这家酒店的员工了。对于她在职场上的变故,她身边的很多人都表示非常不理解,像她这么能干的人,怎么可能被别人抢了位置呢?要知道,她光是各种证书就能摆满一张桌子。在离开酒店之前,樊春红也同样表示不能理解,但是现在她好像有点明白了,这些东西虽然看起来好看,说出去也好听,但是并没有什么实际的作用。

原来,酒店的财务部门之前都是两个人在负责,樊春红作为财务部的主管,带着另外一名职员,这名员工是樊春红一手带起来的,对她也构不成什么威胁。再加上樊春红对待工作一直都非常认真负责,这么多年来也没出过什么差错,所以她这个位置一直都坐得很稳。但是随着酒店业务的不断扩大,两个人工作起来已经非常吃力了。所以公司决定把财务部进行扩充,由原来的两个人扩充为五个人。同时为了提高大家工作的积极性,公司的很多部门都引进了竞争机制,在内部实行竞争上岗制。财务部的五个人每年进行一次业务考核比赛,考核最优的出任财务部主管一职。公司的这一变动,让樊春红感受到了空前的压力,她觉得自己必须做点什么了,如果不能在这段时间内迅速提升自己的竞争力的话,万一新补充进来的员工当中出现狠角色,自己的位置很可能就保不住了。樊春红是一个绝对的行动派,想到就马上去做。在短短的两年时间内,她对电脑的操作有了更加深入的了解,甚至考取了程序员证书;英语能力也有了很大提高,进行日常对话根本不是问题;她还系统学习了实用心理学。

但是这两年内唯一的遗憾就是,她在财务部的业务考核比赛中的成绩不是最优,财务部扩充时招进来的一位新人的考核成绩超过了她,然后酒店经理就把财务部主管的位置给了那个考核最优的人。这让樊春红觉得有些不能接受,气冲冲地跑过去找酒店经理争论:

"经理,这件事儿我想不明白。论综合能力,我比他强多了。我不但拥有很强的财务技能,我还拥有丰富的计算机专业知识,我的英语口语能力也不弱,而且我还懂得实用心理——"

"没错,这正是我要告诉你的。"樊春红的话还没说完,就被经理给打断了,摆摆手,示意她先别说话,然后经理继续告诉她,"你说的这些都没错,你是懂得很多财务专业技能之外的东西,但是我们需要的是一位财务部的主管。术业有专攻,我们当然要把专业考核成绩作为最重要的选拔标准。至于其他的，我想说的是，如果你把学习这些知识的精力用来提升你的专业能力，我想这一任的财务部主管应该还是你。"

从财务部主管的位置上替换下来的樊春红觉得在公司很丢人，就辞职了。现在身边的朋友又提到了她的那些证书，说她拥有这些证书就说明她很厉害，说这么厉害的人不应该被淘汰出局，她就只剩下苦笑了。她在上班之前就是个考证达人，考了好多跟专业没有什么关系的证书，每考过一个就会得到家人和朋友的夸赞，都夸她很厉害。她也是这么认为的，所以在面临竞争压力的时候，为了能够让自己变得出色，她又一次地选择了考证，用她的话来说，就是增强自己的综合能力。

在生活中像樊春红这样的考证达人并不少见，大学的四年，他们不是在考证就是在去考证的路上。据不完全统计，大学生可以报考的证书竟然达一百多种，对于这些考证达人来说，考个二十来个不是问题。但是当他们把这些证书拿到人才市场上的时候才幡然醒悟，如果把这些时间用来加强自己的专业水平的话，情况就会好得多。之所以这样，就是因为没有一个清晰的目标，没有目标就没办法规划努力的方向，自然也就不知道什么该着重做，什么不该做了。就像故事里面的樊春红一样，如果她的目标是要做国内顶级的财务管理专家，那她就不会把那些时间和精力用来考那些不相干的证书了，这样的话，她又怎么会连一个普通酒店的财务部主管的位置都坐不稳呢？

拆掉思维里的墙，思维不受限才能突破局限

当我们有了一个目标，我们就会想如何才能把这个目标变成现实，然后根据目标作出规划。这是一件好事儿，但也有它不好的地方。好就好在它能够让我们更加专注，能够把有限的时间和精力都用在最关键的地方。不好的地方就是，它就像是一堵墙，挡住了外面的风光，我们只能按照之前规划好的步骤思考和行动。这个世界是时刻都在变化的，在我们一步步向目标迈进的过程中，规划中的条件和困难都在发生着变化，如果不能及早察觉这个墙外面的变化，就会在不知不觉中跑偏。这就是所谓的局限性，要想突破这种局限性，就得想办法拆掉思维里面的墙，挣脱惯性思维当中固化的力量。这种思维惯性、思维固化的力量究竟有多大？有个小故事是这么讲的：

有一家马戏团，有天晚上不小心失火了，所有的员工都及时跑了出来，大部分的动物也都被抢救出来了，但是那头最值钱的大象却被烧死在火场里。老板怒气冲冲地质问大象的饲养员：

"为什么负责小动物的人都没忘记及时打开笼子救它们的性命，你的大象那么大，却会被你忘记呢？"

这名被质问的员工说：

"我没能把大象救出来，并不是因为我把它忘记了。您是知道的，我们拴住它的只是一条细细的绳子和一根很小的木桩。当我知道着火的时候，我最先想到的就是我的大象，但是我又想反正它有的是力气，逃出去完全不是问题。所以，我就帮别人解救其他的动物去了。回头我发现大象没出来的时候，就什么都来不及了。"

老板听员工说完事情的经过，很是生气，冷静下来的他重重地叹了一口气说：

"拴住它的哪里是什么绳子和木桩啊，那是习惯的力量。"

老板说得不错，拴住大象的根本就不是绳子和木桩，而是它脑子里的惯性思维。因为在大象很小的时候，人们就用绳子和木桩来拴它，那时候的大象还没有什么力量，它尝试过要挣脱绳子的束缚，结果一次次没能成功。从那时候起，在大象的认知里面，绳子就代表着一种不可挣脱的力量，所以，在这种不可挣脱的力量面前，它就彻底放弃了反抗和尝试。即使是在它慢慢长大，力量大得足以轻松挣脱的时候，也是一样。

这哪里是在说大象？这说的就是我们自己。一旦我们的脑子里对某种事物形成一种特定的认知定义，就很难去改变。这其实是一种懒惰，一种思维的懒惰。懒惰分为两种，行为上的懒惰和思维上的懒惰。行为上的懒惰会让我们错失良机，陷入被动。思维上的懒惰会让我们变得故步自封、冥顽不化。思维的惰性可解释为存在于我们内心深处的一种保守的力量，拥有思维惰性的人，总是习惯于用老眼光看待新事物，用老方法来解决新问题，总是试图用旧有的观念来解释世界的新现象。为什么会这样？很简单，这样做会让我们感觉更舒服，很轻松。我们总是在说，不要想得太多，想得太多会很累。可是我们不知道的是，如果想得不够多的话，就没办法突破思维里面的墙，没办法突破自我的局限性。

如何才能改变这种局面，让我们不被自己的局限性所限制呢？有一种拆墙"神器"，叫做创新思维。当然，这个拆墙的"神器"拆的是存在于我们思维里面的墙。怎样调动创新思维？有句话说得好：不仅要低头拉车，还要抬头看路。这个看路的过程就是在仔细观察外界变化，要开动脑筋，以目标为坐标，参照最新的变化，随时修正前进的路线，如此才能与时俱进，摆脱旧有规划的限制。我们来看一个在2016年呈现出刷屏效果的段子：鱼塘经济学。

有一个新开的鱼塘，每天钓鱼的费用是100块，开张的第一天去了很多人，但是他们钓了一整天，连一条鱼都没钓到。最后老板说，为了补偿大家，凡是没有钓到鱼的，每人送一只鸡。就这样，这天鱼塘关门的时候，所有来钓鱼的人每人手里都拎着一只鸡。虽然没钓到鱼，但是大家都说这个老板真够意思。只是不知道这个鱼塘的老板原来也是养鸡的，这次不仅把库存的鸡都销出去了，而且还卖了个高价。

不久，又有一家鱼塘开张，受到之前这位鱼塘老板的启发，这个老板宣布所有来钓鱼的人全部免费，但是钓上来的鱼要以每斤15块钱的价格买走。听说钓鱼免费，很多人都来了。大家都认为自己的钓鱼技术又不是特别出色，一天下来应该也钓不了多少。但是奇怪的事情发生了，不管钓鱼的技术怎么样，凡是来的人，都是满载而归。大家发现原来自己也是钓鱼高手呀，虽然花了不少钱，但是仍然很高兴。他们不知道，这些鱼都是老板花钱从菜市场低价买来的,还雇了几个人潜在水下专门把鱼往鱼钩上挂。

很快,第三家鱼塘也开张了,看到之前两家鱼塘老板的作为,这位老板又在他们的基础上做了创新。他的鱼塘不让钓鱼,而是让大家穿上蓑衣,戴上斗笠,驾着小船到鱼塘中心撒网捕鱼。这种扮成渔夫体验农耕文化的体验式消费,很受欢迎。然后老板还请来专业摄影师和修图人员,专门为捕鱼的客人拍照修图,好让他们发朋友圈。这些都是免费的,唯一的条件就是捕到的鱼,要以每斤10块钱的价格买走。又能体验渔民的生活,又能发高大上的朋友圈,很多人都非常高兴地去了,一网下去就能捞上来几十上百斤的鱼。短短一天的时间,老板就卖出去上万斤的鱼,效益远超前两家鱼塘。

更会玩的是第四家鱼塘的老板,老板说,这个鱼塘钓鱼免费,钓上来的鱼也可以免费拿走。消息一传开,各路钓友立刻蜂拥而至,整个现场是人山人海,热闹非凡。动静一大,电视台的记者就来了,要与鱼塘老板合作搞一个钓鱼比赛。初赛、复赛,还有总决赛,最后的冠军还给发奖品。紧跟着赞助商也来了,各种冠名、广告,收益相当可观。有了钱,老板就让电视台把各路明星也请来了。明星坐在鱼塘边,一边钓鱼一边宣讲休闲人生、慢生活,很是时髦。

有道是没有最高,只有更高。时隔不久,聪明的鱼塘老板又玩出了新高度。第五家鱼塘的老板,不指望卖鱼挣钱,不仅不卖鱼,他还花钱雇人来钓鱼,所有被雇来钓鱼的人都统一口径,说这个鱼塘里面的鱼都是有机生态鱼,并把这个故事编成新闻,紧跟着上新闻的还有专家关于生态鱼如何有益健康的讲解。然后就开始接待各种深入访谈,同时来的还有很多取经的人。对于养生态鱼的技术，老板一直都是笑而不答。不久，老板通过媒体表示，将以养生态鱼的技术为核心，打造生态鱼塘加盟体系。消息一出，各地的加盟商就到了。据说，这家生态鱼塘连锁企业很快就要在新三板上市了。

鱼塘本来是一个非常传统的事物，千百年来，鱼塘的经营者惯用的模式就是如何花最少的钱养出最多、最大的鱼，然后再把这些鱼变成尽可能高的效益。如果说有什么改变的话，最多也就是把对数量的追求变成对质量的追求。投入相对较多的成本，养出相对较多的鱼，然后把这些鱼贴上标签，卖出比原来还要多的钱。但是这些人还没有从根本上跳出惯性思维的固化，在他们的眼里，鱼塘就是要在鱼身上做文章。只会在鱼身上做文章的鱼塘老板，就是惰性思维的典型代表，他们没能拆掉自己思维里的墙，所以看不到当下经济和商业领域不断涌现出来的新事物，自然也就不会想到怎么把这些新生的事物用到自己的鱼塘事业上来。这是一些只会低头拉车但是没学会抬头看路的人。而能够做到这一点的人，就能以鱼塘为依托不断玩出新的高度了，就像故事当中的几位鱼塘老板一样，没有最高，只有更高。因为他们掌握了创新思维这个拆墙"神器"，掌控了创新思维，就可以不断突破自我局限，实现一次又一次的飞跃。虽然上面的几个鱼塘老板的故事只是经济学的寓言，但是它们所蕴含的道理却是实实在在的。

保持开放，互通有无

2017年12月，即将告别2017年的时候，在互联网商业圈里面最火的关键词莫过于"饭局"。12月3日的晚上，丁磊在江南水乡乌镇组织的第四届世界互联网大会，因为会集了中国互联网的"半壁江山"而被人称为"顶级饭局"。顶级饭局上也真真切切的是大佬云集，除了组织者丁磊之外，腾讯CEO马化腾、微软全球执行副总裁沈向洋、新美大CEO王兴、百度CEO李彦宏、百度总裁张亚琴、小米CEO雷军、58同城CEO姚劲波、京东CEO刘强东、搜狐董事长张朝阳、360董事长周鸿祎、华为高级副总裁余承东、爱奇艺CEO龚宇、红杉资本全球执行合伙人沈南鹏、今日头条CEO张一鸣、联想CEO杨元庆、滴滴出行CEO程维等人悉数出席。

非常有意思的是，在这个顶级饭局开始没多久，刘强东和王兴就表示自己还有事情要处理，需要离开了。他们两个走了没多久，杨元庆、马化腾和雷军等几个人也先后告辞了。原来就在这一天的晚上，王兴和刘强东也组织了一场饭局。更有意思的是，在第二天的晚上，58同城的CEO姚劲波也组织了一次饭局，而且两次饭局的阵容也绝不输于丁磊的顶级饭局。为什么这些大佬对饭局会如此热衷，一个很重要的原因就是他们需要保持开放，这些大佬聚在一起绝对不是吃吃饭那么简单。通过这种形式，他们可以在思维、人脉、资源三方面与别人建立连接，做到最大限度的互通有无。不过，这个前提就是自己要时刻保持开放的姿态，肯展示自己，也要善于发现别人谈话的价值所在。大家都是业内高手，每天在不断地观察和思考，也许一个人不经意间的一句话就能点拨另一人瞬间的顿悟；也许在一方看来无足轻重的东西，正是他人苦苦寻觅的珍宝。思想的碰撞，资源的整合，人脉的连接，足以放大每一个保持开放的人的格局。

虽然我们还不是大佬，但是同样需要保持开放的姿态，这样才能够通过思想、人脉、资源的立体连接来放大格局。我们来说一个有趣的故事：

在美国，曾经有一段时间，每次大雪过后都会有直升机沿着通信线路飞行，利用直升机螺旋桨扇起的强大风力来吹落电线上的积雪。这种非常别致的除雪方法并不是哪一位聪明人一拍脑袋就想出来的，而是通过一次头脑风暴，集思广益的成果。

有一年美国北方的天气格外寒冷，连降几场大雪之后，电线上已经积满了冰雪，很多地方跨度比较大的电线因为积雪过多而被压断，对工业生产和民众的生活都造成了很大的影响，急需一种高效快捷的除雪方法来应对这种危机，但是相关部门在短时间内却无法想出特别好的办法来。无奈之下，通信公司的负责人只好尝试头脑风暴，把不同领域的技术人员全部召集在一起，并对他们提出了两个要求：一是说出尽可能多的解决办法来，不要管靠不靠谱，实际不实际，想到什么就赶紧说出来。

另外就是不管别人说了什么,别做评价,不管是你觉得非常靠谱的还是听起来非常荒唐的。

然后整个会场变得非常热闹,说什么的都有。但是,一开始说的很多方法都不能用,不是成本太高就是耗时太长,现在做根本就来不及。直到后来才有了一个看起来非常靠谱的方法:让几个人拿着大扫把坐着直升机沿着通信线路扫雪。虽然大家都觉得这就是个笑话,但是都忍着不去评价。却没想到,当时在场的一位工程师因为这个笑话一样的方法开了窍。他突然就想到了,直升机飞过的时候因为螺旋桨高速旋转所带来的风力本身就很强劲,扇掉电线上的积雪应该不是问题。于是,在会议结束之后,他们专门做了实验。在十多种备选方案中反复衡量,最后还是采用利用直升机来吹落电线上的积雪。

正所谓寸有所长、尺有所短,聪明如智者,千虑也难免会有一失。就像两难定律当中说的那样:上帝到底能不能造出一块连他自己都搬不动的石头?不管怎么推论,结果都只能是上帝并不是万能的。上帝不是万能的,我们更不是。对于自己想不明白的事情,应该怎么办?应该保持开放,与很多的人交流,用他人的无心之语来点拨自己的谜团。自己的钥匙打开不了自己的锁的时候,就从别人那里借一把来试试,与你保持连接的个体越多,你借到合适钥匙的概率就越高,效率也就越快。

有一位开公司的朋友,生意做得不错,在别人看来,他的各方面资质也就一般,也没有什么太强的背景,但是他在生意场上一直都是顺风顺水。旁人都说他的运气实在太好了,只有最熟悉他的人才知道,他的运气并不好。创业中其他人经历的挫折磨难,他一样都没落下,甚至比别人还要坎坷一些。但是每次在他遭遇困境后都能够化险为夷，其实跟他的性格特点有着直接的关系。他是一个非常会交朋友的人，这种会交朋友并不是说吃吃喝喝送送礼什么的。他倒是也经常参加各种聚会，在聚会的时候他说的话也不多，不过却能很细心地记住每个人的行业、职位，对于别人说的话，他也总是记在心里。平时的交往也是那种淡淡的君子之交。他总会每隔一段时间就跟朋友们简单聊几句，不管再忙都会坚持。而且在简单的交谈过后，每次都会说：

"有什么需要帮忙的话不妨告诉我，我能做的我会尽力去做；如果我做不到，我会问问身边的朋友有没有能帮上忙的。"

这对于他，绝对不是一句寒暄的话。他是这么说的，也是这么做的。所以，他的身边总是聚拢着来自各个行业的朋友。在能够帮助朋友的时候，他会尽力；当自己帮不上的时候，就把能够帮忙的朋友介绍给需要帮忙的朋友。一位做人脉研究的朋友说，这小子的高明之处就在于他现在已经站在了人脉的连接点上，这是一个非常重要的位置，也许他本身资质并不是太出色，但是他连接着很多出色的朋友。他身后那些朋友的价值让别人无法忽视他的存在。但是在这个位置上，只有那些格局够大的人才能站得稳。这样的人姿态低、能包容、够开放，而他就是这样的人。

前不久，他的公司新开发了一个项目，但是在技术这一环上被卡住了，因为这方面的技术专家非常稀缺，一般掌握这项技术的人都是体制内的，不允许在私企当中任职，包括兼职。遇到困境的他并没有太着急，而是先让项目暂停。正在他准备向自己的这些朋友寻求帮助的时候，朋友向他寻求帮助的电话却先一步打了过来。原来一位做绿化设备的朋友准备举行一次宴会,希望他能介绍一位广告界的朋友参加。因为这位做绿化设备的朋友准备在近期向市场推出一款新产品,需要广告界的支持。而他刚好和一家口碑不错的广告公司的老板是朋友,就约他一起参加了这位朋友的私人宴会。会上他们相谈甚欢,很快就达成了合作的意向。闲聊中他说到了自己目前的麻烦,这位做绿化设备的朋友跟他说:

"我认识一个人,但是我没办法介绍给你。不过你可以把相关的数据给我,我帮你请他看看问题出在了哪里。"

几天之后,朋友给他带回来了数据分析的结果,只是在关键数据上做了一些改动。然后他让公司的技术人员重新再做测试,问题竟然得到了解决。姿态要低,胸怀要大,保持开放,如果能让自己站在这样的交接点上,不管是在思想上还是资源上,你拥有的都会远远比别人多很多。在这个交接点上,你连接的人越多,质量越高,你的格局就会越来越大。

学会跟更大的局建立联结

李嘉诚先生有一位司机，这位司机给李嘉诚先生开了三十多年的车，在他准备要离职的时候，李嘉诚觉得他跟着自己兢兢业业这么多年也不容易，也想让他离职后能够有个舒适的晚年。于是，李嘉诚让人拿来一张200万元的支票送给这位司机。但是司机却微笑着拒绝了，他说跟着先生三十多年了，一两千万元还是能拿出来的。司机的话让李嘉诚很吃惊，他仔细算了一下司机的收入，他一个月几千块钱的收入，还要养家糊口，就算是省吃俭用也不可能攒下来这么多钱啊！看见李嘉诚先生有些不相信，这位司机接着说：

"我在先生身边这么多年，早就熟悉了先生想问题和做事情的方式了。有时候我会学着先生的方式来做些投资。时间长了，也就赚得多了。这些也算是先生给予我的。"

什么叫近朱者赤、近墨者黑？什么叫耳濡目染、潜移默化？这就是。有一个问题可能我们都听过，这个问题是说如果你想要看得更远一些，怎么办？最好的办法莫过于像牛顿那样"站在巨人的肩膀上"。同样，想要更好地修炼自己的格局，最好的办法就是与拥有更大格局的人建立联结。而我们最容易建立联结的就是生活中的长辈或者是职场里的前辈，或者是比我们优秀的同龄人。总之，与更大格局的人建立联结要遵循就近原则，因为联结建立需要沟通和交流，而不只是得到某人的电话号码或者是微信号码就可以了。

葛青参加工作刚刚一年多的时间，但是身边的朋友都觉得，这一年的时间里，她的变化太大了。一年前她还跟同龄人一样，都是很傻、很天真的毕业生，刚进入职场的他们都显得傻傻愣愣的。但是现在，她的同学朋友还在职场上东一头西一头地乱撞，她却摇身一变，成了小伙伴们当中的职场导师。就连葛青的爸妈也说，之前没发现这孩子有多成熟，怎么一转眼之间，做人做事儿就已经这么老到了呢？

尤其是葛青这次换工作时的交锋，葛青的表现让大家都对之刮目相看。葛青的第一家公司是很多应届毕业生都向往的全球知名企业，她是这家公司法务总监的助理，虽然她在大学的专业是财会，并不算是很对口，但是各方面的待遇还是很不错的。刚进公司的时候，葛青对自己的职位也很满意，那时候，她觉得一个女孩子做个助理还是蛮合适的。但是，仅仅一年之后她就要离开这家公司，不仅爸妈不同意，就连身边的朋友也都很不理解，都劝她别那么做，那么好的单位要懂得好好珍惜。但是葛青很冷静地跟他们讲个人的职业发展，讲对于一个专业性比较强的毕业生应该做出什么样的职业规划，应该从哪里开始起步。针对葛青的这番见解，同学和朋友虽然并不能够全部听懂，但是感觉她能说出这些话来真的是挺厉害的。去年他们刚毕业的时候，根本就没想到过什么专业分类、职业规划、发展前景这些东西。就是到现在，他们也没认真想过这些问题。葛青的爸妈听后也感觉女儿真是变得成熟了,但是他们弄不明白的是,这个转变为何会这么快。

面对他们惊诧的目光,葛青只是笑而不语。她能够在短时间内有这么大的变化,是因为她遇到了一位很牛的职场导师——一家全球知名化妆品公司的法务总监。说来还真是幸运,当葛青进入这家公司的时候,这位法务总监的助理正好怀孕辞职了,葛青就成了这个补缺的人。葛青上班的第一天,这位上司说的头一句话不是欢迎之类的,而是"我也许是整个公司最严厉的人,我对工作的要求很高"。这句话对于刚入职场的葛青来说无疑是一个下马威。后来葛青才知道,上司说这句话并不是要吓唬她,而是上司对自己的一个客观的描述。上司对一切工作都有着非常严苛的要求,速度和质量缺一不可,但是这仅仅只是基础。除此之外,站、行、坐的姿势,说话的声音和表情,着装和发式,细致到怎么把自己的名片递出去,怎么把别人的名片接过来。还有如何读懂别人的肢体语言,什么情况一定要把事情问清楚,什么情况下千万不能打听,这些统统都在这位上司的要求之内。对此,上司只有一句解释:

"在职场上混,不仅要守规则,还要懂规矩。"

当然,更多的时候她只是看结果,怎么学就是葛青自己的事了。那段时间葛青很辛苦,却很高兴。她感觉自己这一年学的东西如果到专业的机构去学的话,这费用绝对不是她能支付得起的。出于感激,聪明的葛青也总是会在自己的本职工作之外尽可能替上司多分担。她知道自己做得越好,上司对自己的指点就会越多。这样的职场精英前辈,肯指点自己,那是自己的幸运。

257

一年的时间过去了,葛青跟上司之间建立了非常不错的感情。有一天,上司突然跟葛青聊起了未来和梦想。

"这一年你很努力,学得也很快。有了这些基础,在职场上算是能站住脚了,可以想想以后的事情了。"

上司在说这些话的时候,比平时显得生动了很多。

"以后就是好好工作呗,付出更多的努力,用更加出色的成绩来回报公司和您的培养。"

葛青听上司这么说,以为是到了表决心的时候了。

"我不是说这个,我是说你打算一直做助理?"

上司苦笑着摇摇头,把话说得更加明白一些。

"我觉得像现在这样挺好的呀,工作不错、薪资也行,也不用东跑西颠。我挺知足的。"

葛青的话让上司觉得有些失望,或者说是有些惋惜,她的表情严肃了不少。

"看来你根本就没想过这个问题,你将来肯定会为现在的懒惰而后悔的。"

上司稍微顿了一顿,好像是在犹豫,过了一会儿,才接着说:

"作为一个过来人,我可以负责任地告诉你:我学的是法律,你学的是财会,像我们这种非常专业的学科,最好的起点应该是和专业相关的工作,而不是助理、秘书这些职位。这一年我就当你是在熟悉职场环境了,如果你能到专业的机构去磨炼一番的话,你可能会获得更大的发展空间……"

葛青没有再说话，只是静静地听着，她越听越觉得惭愧，自己怎么就从来没想过未来的问题呢？同时也觉得自己很幸运，庆幸能够从一个更高的角度来打量自己。这次谈话之后没多久，葛青就想明白了，她应该选择另外一种工作。在葛青离开这家公司之后，原来的这位上司还帮她介绍了一家专业的事务所，而且她们之间一直保持着联系。

作为一个刚刚参加工作的年轻人，葛青并没有太大的人生格局，她觉得能进入一家很是体面的公司，拿着一份还算丰厚的薪水，工作也不算太辛苦，这一切就让她感觉非常满足了。受自己格局的限制，她想不了太远的事情，也想不太明白。但是，就像她的那位上司说的那样，如果不改变，她将来肯定会为自己今天的局限性而懊悔不已的。幸运的是，葛青与上司之间建立了有效的联结，这样她就有机会站在更高的角度来看问题，自然就会看得更远，看得更明白。也正是因为这种联结的缘故，葛青能在短时间内看清自己未来的路，从而做出了正确的选择，这也就意味着，她人生的格局又大了不少。

当然，故事当中与葛青建立联结的是她的上司，但是并不是所有人都会像葛青这样幸运。跟自己的上司建立有效的联结虽然最是便利，不过因为相互之间有着利益的纠葛，有时候反而需要更加小心一点。除了自己的上司之外，想要尽快提升自己的格局，也不妨在自己的生活圈子里寻找那些比自己优秀的人。少了立场和利益的牵扯，建立这种联结有时候反而更加容易一些。

脖子以上才是最值得投资的地方

早几年前看到过一个报道，讲的是北京的上班族下班后摆摊做小生意的事儿。很多白天在写字楼里上班的白领，到了晚上摇身一变就成了过街天桥、地下通道和各大广场的摊贩了。关于其中的原因，印象最深刻的是这几句：

"物价飞涨，工资太低，生活成本大了，挣点外快好补贴家用。"

"在私人企业上班没有稳定感，摆个小摊，投资也不大，赚一点是一点。"

"时间对我一文不值，我们最缺的是钱。"

然后记者又问了周围的市民对他们的看法，大家都表现得很宽容：

"不会因此就看轻他们或者认为他们不务正业。"

是的，对于这些积极上进的青年在八小时之外的"奋斗"，我们没有任何资格看轻他们。但是如果把摆摊看做是一种投资的话，这是不是一种高效的投资方式却是值得商榷的事情。这里说的投资并不单指金钱的投入，况且这些摊主也说了"摆个小摊，投资不大"。但是投资除了金钱之外，更需要的是时间和精力。相对于摆摊来说，我们的时间和精力应该有更好的使用方式，比如说用来提升自己的专业技能，比如说用来学习新的知识。总之，凡是把时间和精力投资在脖子以上的人，他得到的回报要比业余时间摆摊高得多。

　　姚彤在单位的表现算不上很突出，她到公司的时间也不算很长，在同事当中算是一个新人。正因为如此，公司的各种奖励基本上都与她没什么关系。她的收入在公司里算是比较低的。很多跟她一样的新人面对这种情况的时候，就是想办法节流。反正工资也不高，能省一点就省一点。周末干脆就窝在家里睡觉，免得出去消费。有的则选择开源，一下班就火急火燎地奔赴自己的第二战场。但是姚彤却从本来就不多的工资中拿出一部分来参加专业技能的提升学习。她的这种做法让很多人感到不解，本来工资就不高，紧巴巴的都剩不下什么钱，不想办法多挣点也就算了，竟然还徒增花销。对同事的各种冷嘲热讽，姚彤就像是没听到一样，依然是上班踏踏实实干活，下班认认真真学习。

　　有一天，部门的经理交给他们一个任务，希望在最短的时间内得到分析报告，并说最先完成的有奖励。一听说有奖励，大家都赶紧行动了。让大家没想到的是，这次最先完成的竟然是平时毫不起眼的姚彤，而且比平时实力最强的老员工提前了将近一半的时间。这让大家觉得非常不可思议，尤其是那几位有希望得到奖励的老员工。他们跑去向经理反映，说这次肯定是姚彤玩什么猫腻了，就凭她平时的业务本领，根本就不可能这么快就做完的。但是经理知道，这是老板临时交给自己的任务，姚彤哪里有作弊的可能呢？难道是姚彤为了最早完成任务，没有仔细核算吗？经理又拿着姚彤的分析结果，跟那几位老员工交上来的结果仔细做了对比，并没有什么不同的地方。

不明所以的经理就把姚彤叫到自己的办公司里，问她怎么这么快就完成了，是之前不肯展露自己的真实水平，还是有什么高招？姚彤就跟经理讲了事情的真相。原来姚彤参加的那个技能提升培训，最近学了一个最新的操作软件，这个软件比市面上常用的软件速度要快一倍。姚彤早就掌握了这种新软件的操作方法，只是它跟现在公司用的不一样，就没告诉大家。今天她看经理要得着急，就用自己电脑上的这套软件试了一下，这才这么快就完成了任务。经理一听，对姚彤所说的这套软件非常感兴趣，就让她当场做了演示。后来经理想，如果部门都换成这种软件的话，以后的工作效率就能提高不少。他就向老板提出了申请，老板也觉得虽然整个部门换用这套软件的话，成本并不低，但是如果能以此换来工作效率的大幅提升，也是一件好事儿。况且，这种软件只要在市场上出现，升级就只是个时间问题了。这种早晚都要做的事情，倒不如早做早受益。

公司全部换了新的操作软件，却没有会用的人，软件公司也派了技术人员来指导，不过他们演示完就离开了，不可能一直在公司待着。这时候，姚彤成了经理最器重的人。因为她曾花了好几个月的业余时间来练习这套软件的操作，不要说是常用的功能，就是一些隐藏的功能都被她开发出来了。等到大家都能熟练操作新软件的时候，姚彤已经成为整个部门最核心的人物了。而且她现在还有了职务：负责技术推广和维护的副经理，收入自然是比以前多了不少。这时候，原来那些说风凉话的人都不无佩服地说："这小姑娘平时不声不响的，想得倒是很长远。怪不得当时那么点工资都舍得拿出来，原来是在这儿等着呢。"

我们先拿姚彤的例子跟下班摆摊的人做一下比较，下班摆小摊的收入难道会比升职加薪的收益更高吗？其实他们是不明白一个道理，现在又有多少人不是在私企上班呢？所谓的工作安全感，公司给不了，行业也给不了，能给自己安全感的只有自己，安全感来自自己的知识、技能、格局。所有没有安全感的人在这三方面不达标的人。脖子以上的地方出了问题，不在脖子以上的地方投资，还要往哪里投资呢？而且这种对头脑投资的成本也是极低的，相对于其他投资，比如说房产、珠宝、艺术品之类来说，它对于金钱的耗费几乎可以说是九牛一毛。针对头脑的投资不外乎几种，读书、听课、跟"牛人"交流。从读书来说，即使我们把每天八小时之外的时间都用在读书上，一个月能读三五本书就已经不错了。一个月三五本书的费用投入又能算得了什么呢？相对于读书的费用，听课的费用算是比较高的了，但跟其他的投资比较起来也算不得什么。而跟"牛人"的沟通方式则有很多，可以关注某个"牛人"的微博和微信公众号，从中分析"牛人"的所思所想。我们还可以参加沙龙，跟不同的人头脑风暴；可以关注前沿的自媒体，随时接受最新的理念。

自控力，学会控制自己进而掌控全局

一个了不起的人，并非可以掌控别人，而是可以掌控自己的人。能够掌控自己的人，之所以非常了不起，是因为他可以通过掌控自己进而掌控全局。一个人想要成功就得自律，用逻辑思维的创始人罗振宇的话说，那就是："人要想成事儿，就得有点'死磕'自己的精神。"什么叫"死磕"自己？罗振宇用自己的一个行动诠释这种"死磕"精神。逻辑思维每天早上6点半准时发出的60秒的音频不管是刮风下雨，还是逢年过节，一年365天从不间断，而且不早也不晚，每天6点半。音频的长度不会太长也不会太短，刚刚好就是60秒。罗振宇表示，为了每天早上的音频刚好是60秒，为了做到形式上的统一化，他每天都要比别的自媒体多录好几遍。然后掐着时间，在6点半准时发出去。这就是"死磕"自己的诠释，因为在这个坚持的过程当中，他需要用强大的意志力来对抗精神和身体上的不适感。没错，所谓的自律和自控力就是要敢于在不适中勇敢前行，当你把不适变成了舒适，你就已经拥有了掌控人生的能力和格局。王石也是这样一位敢于在不适中前行的自律者。

王石先生认为，这个世界上的人不外乎两种：一种人会主动给自己找不适，另外一种人则永远都在寻找舒适感。所以第一种人叫强者，后面那种人叫弱者。要想让自己变得更强，就必须跟现在的舒适说拜拜，主动去寻找不适，然后学着把不适变成舒适。王石每天都会在生活中主动寻找这种不适，比如每天都会做一些力量体能的训练，充分感受运动带来的不适感。王石说虽然这种不适感还不至于严重到让自己讨厌的程度，但是足以让自己本能地想找一些借口来避开。他就是在与这种不适感的对抗中，让自己慢慢习惯这种不适感，进而把不适演变成舒适。

在一开始战胜这种不适感之后，他就开始告诉自己：既然肌肉的酸痛并不能影响自己，倒不如继续坚持下去好了。于是他就制订了训练的计划表格，这种因运动而来的不适感就会一直参与到他的生活中来，直到形成一种习惯。

事实上，一直坚持在不适中前行的王石在生活和工作中也表现得非常自律。王石因为自律而为大家熟知的事情有两件比较具有代表性的事：一件是生活当中的，众所周知，王石是非常喜欢户外运动的，他在大家的眼中有两个不同的身份，一个是企业家王石，还有一个身份是行者王石。他经常约一些人一起爬山，王石的好友、企业家冯仑讲过王石在爬山时的几个细节。

第一个细节就是在登山之前的准备工作。冯仑发现每次在做准备工作的时候，王石都要比别人认真很多。比如说涂防晒油，一般人都是涂一层，甚至有人就连这一层也是胡乱涂一下就算完了。但是王石从来不会这样，他说要涂两层就一定会涂上两层，而且涂得还会比别人厚。

第二个细节就是在爬山过程中的休息。大家都知道爬山对人的体能

265

消耗非常大,按说应该是要按时休息,保持更好的体力。但是很多人做不到,因为这些平时在办公室里待久了的人,把自己放到大自然当中就会特别兴奋,再说了,对大家来说,爬山本身就是一种休闲,怎么舒服就怎么来呗。所以很多原本在工作上很自律的人,这时候就有些顺心而为了。今天这一天感觉特别累,也许睡得就比较早;赶上有一天大家聊得非常"嗨"的时候,自然就会睡得晚一些。在这些人当中,王石的做法显得有些格格不入。他不管是在做什么,都严格按照固定时间休息,哪怕大家都聊得热火朝天,一看睡觉的时间到了,那对不起,你们先聊。他从来不会因为睡得太晚而影响自己第二天的体力。

然后就是吃东西的事情。爬山根本带不了太多的东西,尤其是在他们爬珠穆朗玛峰的时候,带的基本上都是一些高热量的压缩食品,这种东西体积小、分量轻,方便携带,味道却不是谁都能接受的,所以他的很多同行者对这样的食物是表示拒绝的。他们宁肯挨饿,也不吃这种难以下咽的东西。王石不一样,只要能让自己保持充沛的体力,再难吃的东西,他都能强迫自己吞下去。

不管是吃还是睡觉,王石只有一个目标,那就是保持体力。只要是对保持体力有利的,就算这件事情会给自己带来强烈的不适,他也会毫不犹豫地去做。除了吃饭和睡觉之外,还有一些别的细节,王石同样表现出非常严格的自律。冯仑说,珠峰7000米之上的风景是很少有人能够抗拒得了的。当他们爬上这个高度的时候,很多人都选择待在外面看风景,不管大家发出什么样的赞叹,都打动不了帐篷里的王石。倒不是他不想到外面去看看,而是他知道,在这样的高度上,每次进出帐篷都是对体能的极大消耗。他的原则就是保持体力，这种有悖于自己原则的事情他是不会做的，虽然外面壮丽风景的吸引力的确很大，他却依然会选择待在帐篷里休息。

王石的这种自律，到了8000米之上的高度就开始显出效果来了。同行的朋友有的人因为之前没能好好地保存自己的体能，到了这个高度就感觉有些吃不消了。但是王石却能够顺利登顶，这跟他严格的自律是分不开的。

王石的这种自律不仅表现在对自我本能的对抗上，还体现在面对人情威胁和利益诱惑时的坚决和坚定上。对于绝大多数的商人来说，最难以拒绝的就是利益的诱惑，尤其是合情合理的利益诱惑。但是这一点，王石做到了。有一次，有位老板给王石介绍了很大的一块地，让他在这块地上建别墅，条件非常诱人。对方直接就说："地白使，你先做，等做完之后再分钱。而且还不要你的地钱。"对于一家做地产的公司来说，"地白使"这该是多大的诱惑，这摆明了就是稳赚不赔的生意。按理说王石不应该有拒绝的理由，估计当时这位老板也是这么想的。但是王石的决定却让很多人没有想到，他没怎么犹豫就拒绝了。拒绝的理由是："我不做，因为万科没做过别墅，我不擅长。"面对利益的诱惑能够做到如此自律的企业家，就算是取得再大的成功也是在情理之中的事情。

王石之所以能够做到如此自律，不是因为他没有喜好，或者看不见利益所在，更不是因为他不近人情，而是他知道，当一个人不能严格管理自己的时候，便失去了领导别人的资格和能力。没错，当一个人失去了掌控自己的能力的时候，就意味着他已经失去了掌控人生和掌控世界的可能。

为了提升、锻炼自己的格局,我们需要从现在开始学着让不适感参与到自己的生活和工作中来,培养把不适变成舒适的能力。这事儿成了,自己的格局也就大了。